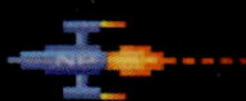

技術の泉 SERIES
E-Book / Print Book

レガシーフロントエンド安全改善ガイド

麦島一 著

目次

はじめに

フロントエンド開発には悩みがつきものです。それがレガシーコードが絡むものであれば尚更でしょう。

完全な新規の開発現場であれば、自分の好きなアーキテクチャーを採用した、モダンな環境を整えることができます。しかし現実はそう簡単ではありません。既存のコードを流用・修正をしていかねばならないことも多いのが現実です。

DOM依存べったりのコード、いたるところで実行されるグローバル関数、テストコードが無いのはあたりまえ……。私達に立ちはだかる障壁の数々、とてもつらいですね。

問題を解決するため、昨今ではさまざまなツールやライブラリー、フレームワークが登場して多くのプロダクトで利用されています。そしてこれらをゼロから始めるために必要な情報は、豊富に存在します。しかし、現実に存在する目の前の巨大なレガシーコードに導入しようと思った時点で「ゼロから」のスタートではないことに気付くこともあるでしょう。そういった「すでに動いているレガシーコードにどうやって導入していけばよいのか？」という情報は、あまり多くありません。このような理由でレガシーコードの改善作業は着手することは、それ自体のハードルがとても高く、何よりも動いているコードを壊すリスクから不安で勇気が出ないものです。

さらに、レガシーコードの改善は泥臭く地味な作業になりがちで、やらなくていいのであれば誰もやりたくないものでしょう。そんな作業をするよりも転職などで環境を変えたほうがいい、という意見を聞くこともあります。

しかし、現実にはそれぞれの事情で「やらなくてはいけない」というシチュエーションは存在します。筆者はこれまで「闇」と称されているようなレガシーフロントエンドコードと向き合い、まだまだ道半ばではありますがさまざまな改善を行ってきました。うまくいったこともあれば、見事に本番で不具合を発生させてしまったこともあります。その中で得られた多くの学びがあり、それを簡単ではありますが本書にまとめました。

もしもあなたが同じように困っているのであれば、この本が少しでもその助けになれば嬉しく思います。

免責事項

本書に記載された内容は、情報の提供のみを目的としています。したがって、本書を用いた開発、製作、運用は、必ずご自身の責任と判断によって行ってください。これらの情報による開発、製作、運用の結果について、著者はいかなる責任も負いません。

表記関係について

本書に記載されている会社名、製品名などは、一般に各社の登録商標または商標、商品名です。会社名、製品名については、本文中では©、®、™マークなどは表示していません。

底本について

本書籍は、技術系同人誌即売会「技術書典6」で頒布されたものを底本としています。

本書の想定読者・サンプルコード・バージョン情報

本書の想定読者

本書におけるレガシーフロントエンドとは、次にいずれかに該当するものを指します。

・仕様が正しく把握されていない
・テストコードが存在しない
・モジュール管理が導入されていない
・DOM操作APIやjQueryでDOMを操作する
・長い期間手を加えられていない
・その他さまざまな理由により修正が困難である

本書では次のような読者を想定しています。

・レガシーフロントエンドから脱却する現実的な方法を知りたい
・モダンなツール・ライブラリーのメリットや導入方法を知りたい
・改善作業における心構えやノウハウを知りたい
・改善作業をしたいが何から手をつけたらよいかわからない
・実践的に手を動かしてモダンな技術要素を学びたい

なお、次の前提知識が必要となります。本書内では詳細な説明は省いていますのでご注意ください。
・プログラミングに関する基礎知識がある
・JavaScriptの基本的な用語・コードが理解できる
・実践編：GitHubからコードを取得できる

実践編で利用するコードの仕様

本書では章の末尾に「実践編」という形で、jQueryで作られたTODO（タスク管理）アプリケーションをサンプルとして、章ごとに段階を追って適用し改善する例を掲載しています。このサンプルアプリケーションは単一のHTMLページ上で完結しており、簡易的なSPA（Single Page Application）として動作します。主な仕様は次のとおりです。

・追加ボタンをクリックするとTODOが追加される
・削除ボタンをクリックするとTODOが削除される
・一番上のTODOが次のタスクとして表示される
・タスクの総件数が表示される

・タスクが0件の場合には専用の表示となる

図1: サンプルTODOアプリ - 初期状態

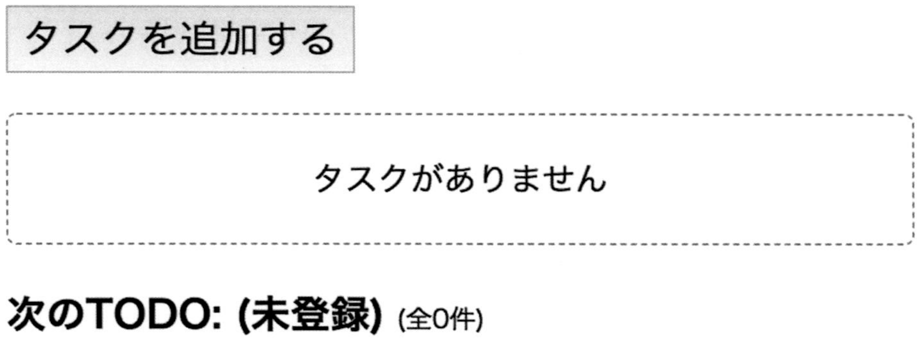

タスクを追加する

タスクがありません

次のTODO: (未登録) (全0件)

図2: サンプルTODOアプリ - TODOを追加した状態

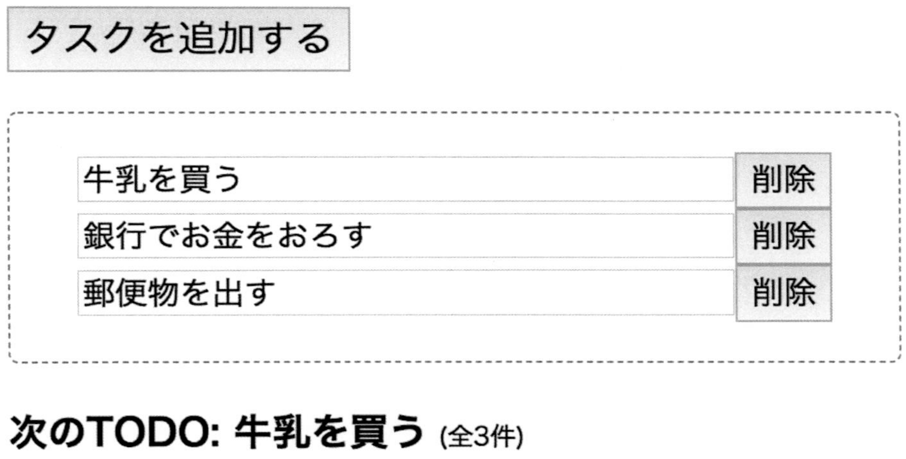

タスクを追加する

牛乳を買う 削除
銀行でお金をおろす 削除
郵便物を出す 削除

次のTODO: 牛乳を買う (全3件)

改善前の初期段階で、アプリケーションを構成する技術要素は次の内容です。

・jQuery
・JavaScript（ECMAScript5）
・テストコードなし
・モジュール管理なし

すべての実践編を完了すると、次の内容に置きかわります。

- Vue.js
- TypeScript
- ESLint/Prettier
- webpack（モジュール管理）
- Jest（テストコード）

実践編コードリポジトリー情報

- URL: https://github.com/mugi-uno/anzen-kaizen-guide/

ブランチによって内容に差異があります。実践編に沿ってコードを書いていく場合は、`master`ブランチをチェックアウトしてください。`after`ブランチでは改善完了後のコードを確認することができ、コミットログでは章に沿って修正を積み上げています。もし書いたコードがうまく動作しない場合などには参考にしてみてください。

- `master`: 改善前のレガシーフロントエンドコード
- `after`: 改善完了後のコード

バージョン情報

本書で紹介するツール・ライブラリーは、次のバージョンで動作確認をしています。

- GoogleChrome バージョン: 72.0.3626.121（Official Build）（64 ビット）
- Node.js v11.9.0
- npm 6.5.0

その他のnpmパッケージのバージョンに関しては、リポジトリーのpackage.jsonとpackage-lock.jsonを参考にしてください。

- https://github.com/mugi-uno/anzen-kaizen-guide/blob/after/package.json
- https://github.com/mugi-uno/anzen-kaizen-guide/blob/after/package-lock.json

実践編サンプルコード

改善前のサンプルTODOアプリケーションのコード内容から、コアとなるレガシーコードを一部抜粋して紹介します。

リスト1: index.html

```
<!DOCTYPE html>
<html>
  <head>
    <meta charset="utf-8">
    <link rel="stylesheet" href="./css/style.css">
    <title>TODO</title>
  </head>
  <body>
    <button id="addTodo">タスクを追加する</button>
    <div id="todoList"></div>
    <div id="todoEmpty">タスクがありません</div>
    <div>
      <span id='nextTodo'></span>
      <span id='todoCount'></span>
    </div>
    <script src="./js/jquery-3.3.1.min.js"></script>
    <script src="./js/script.js"></script>
  </body>
</html>
```

リスト2: js/script.js（説明用コメントを含みます）

```
// 「次のTODO」「総件数」「タスク有無による表示」を更新する関数
function updateAll() {
  var count = $('.todo').length;
  var next = $('.todo input').first();
  var nextTodoText = count ? next.val() : '(未登録)'

  $('#nextTodo').text('次のTODO: ' + nextTodoText);
  $('#todoCount').text('(全' + count + '件)');

  if (count) {
    $('#todoList').show();
    $('#todoEmpty').hide();
  } else {
    $('#todoList').hide();
    $('#todoEmpty').show();
  }
}

// タスクを追加する関数
```

```
function addTodo() {
  var wrapper = $('<div>');
  wrapper.addClass('todo');

  var input = $('<input>');
  input.attr('type', 'text');

  var deleteButton = $('<button>');
  deleteButton.addClass('delete').text('削除');

  wrapper.append(input);
  wrapper.append(deleteButton);
  $('#todoList').append(wrapper);
}

// jQuery#readyで初期ロード時の処理を登録
$(function() {
  // 追加ボタンクリック時のイベントハンドリング
  $('#addTodo').on('click', function() {
    addTodo();
    updateAll();
  });

  // TODO入力時のイベントハンドリング
  $('#todoList').on('input', '.todo:eq(0)', function() {
    updateAll();
  });

  // 削除ボタン追加時のイベントハンドリング
  $('#todoList').on('click', '.delete', function() {
    $(this).closest('.todo').remove();
    updateAll();
  });

  updateAll();
});
```

リスト3: css/style.css

```
* {
  font-size: 16px;
}
```

```
body {
  padding: 20px;
}

#addTodo {
  font-size: 1.2rem;
}

#todoList, #todoEmpty {
  border-radius: 5px;
  border: 1px dashed gray;
  margin: 20px 0px;
  padding: 20px;
  text-align: center;
  width: 400px;
}

.todo input {
  width: 80%;
}

#nextTodo {
  font-weight: bold;
  font-size: 1.2rem;
}

#todoCount {
  font-size: 0.8em;
}
```

第1章　改善の前に

最新のフレームワークはクールに見えます。SNSやWebの技術記事では、自分達が現役で使っている技術を名指しで**「○○ is dead」**と書かれ、ツラい気持ちになることもあるかもしれません。その上で技術的な負債とも呼べるコードを目の当たりにすると、「全部書き換えるべきだ！」という気持ちにもなるのもわかります。

しかしフロントエンドに限らず、アーキテクチャーの刷新といった改善作業を実施する際、いきなり無計画にコードを書き換え始めるのはオススメできません。今動作しているコードは、たとえレガシーであったとしても「動いている」という価値があります。これは無視してはならない重要なことです。古い技術で負債と呼べるようなものだとしても、プロダクトを支えているコードであることには変わりなく、書き換えていく際にはその部分は守って受け継がなければいけません。

一度冷静に深呼吸をして、

- **「どのようなリスクがあるのか？」**
- **「なんのために・誰のためにやるのか？」**
- **「現実的なのか？」**
- **「本当に移行すべきなのか？」**
- **「安全とはなにか？」**

といった点を考えてみましょう。

1.1　改善作業に伴うさまざまなリスク

改善作業にはさまざまなリスクが伴います。メリットとデメリットを天秤にかけた上で着手すべきでしょう。そのために、まずはどのようなリスクがあるかを考えてみましょう。

挙動を壊してしまう

改善作業の結果、稼働しているシステムの挙動を壊してしまう可能性があります。いわゆる、リグレッション/デグレードです。これは多くのエンジニアが恐れるものです。

エンドユーザーや関係者に影響が出ることも勿論ですが、なにより一度壊してしまうと「次」の改善作業への心理的な障壁が高くなりがちです。リスクばかりが目について、身動きが取りづらくなってしまいます。

改善が中途半端な状態で頓挫する

改善作業は長い道のりになる可能性もあります。勢いよく最初の一歩を踏み出したものの、途中で心が折れてしまうかもしれません。メンバーの入れ替えなどの外部的な要因で、続行が困難となってしまうこともあります。

その結果、改善の前と後のコードが入り混じった状態で残ってしまうことになり、メンテナンス対象が増えて複雑化してしまいます。頓挫した場合には、改善の着手前より状況が悪化する可能性がある、ということを知っておくべきでしょう。

改善後の状態をメンバー間で共有できていない

アーキテクチャーの部分を書き換えると、それだけエンジニアは新たに必要な知識や覚えるべきことが増えます。人数が多ければ多いほど、そのコストは大きくなることでしょう。

改善を行うのであれば「現状の何が問題か」「どのように変更するか」「何を使うか」といった情報を、適切に関係者に展開していかねばなりません。地味で手間な部分ですが、これを怠った結果、チームメンバーの負担が大きくなり「リファクタリングをしたら開発コストが上がった」といった結果を招きかねません。

1.2 改善で得たいものは何か？

リファクタリングそのものが、エンドユーザーに直接的に価値を与えることはほぼありません。それでも改善作業をやりたいということは、何か得たいものがあるはずです。

・開発速度を上げたい
・メンテナンスコストを下げたい
・モダンな環境を整えてエンジニアのモチベーションを上げたい
・テストコードを書きやすくしたい

これらはほんの一例です。自分達がなんのために改善作業を行うのかをきちんと明文化しましょう。これによって、作業の中で何を優先すべきかや、いざとなった場合に何を諦めるかが見えてきます。そして何より、改善作業を続ける上でのモチベーションに繋がります。

1.3 「安全」な改善とは

では、「安全に改善を進める」とは一体どういうことでしょうか。少し考えてみましょう。

小さく進める

安全に進めるうえにおいて重要なのが、とにかく**小さくする**ことです。

作業のボリューム量とリスクの大きさは比例します。大きければ大きいほど、トラブル発生時のロールバックにも時間がかかったり、調査にも手間取るかもしれません。

改善作業は、すべてがうまくいくとは限りません。一度で修正するコード量を、できるだけ小さくしましょう。また、コード量だけでなくひとつひとつの作業サイクルも短いものとし、小さいスコープでリリースできるようにしましょう。ありとあらゆる改善に広く浅く手をつけるのではなく、ある特定の狭く小さい改善作業を完全に終わらせ、それを積み上げて大きな改善としていくことが、安全に進めるためのコツです。

コード変更前の準備を入念にする

改善作業は往々にして、着手してからその山の大きさに気付きます。軽い気持ちで手をつけると、途中で「これ全然終わらないのでは……？」と思うことも多いでしょう。そうならないために、事前の入念な準備が重要です。

まったく終わる見込みがないのであれば、最初から「やらない」のも価値のある決断です。中途半端に投げ出されて、より難解なコードを生み出してしまうよりは遥かによいでしょう。そのためには、着手する前の段階で全体像をしっかり把握しておく必要があるのです。

心理的安全

小さく進めることや準備を入念にしていくこと根本的な目的は、作業をするあなたが「改善に自信をもつ」ことにあります。

改善作業ではすでに動いているコードを直していくため、つねに不安や恐怖との戦いになります。これを払拭するために、資料化などを経て自分の理解を確認し、テストコードを書いて機会的に動作を保証する必要があります。そしてできるだけ小さく進めることで影響範囲を掌握しながら進めていくのです。

安全とは改善対象を壊さないという意味もありますが、何よりも作業するあなた自身が「心理的に安全」であることがもっとも重要なのです。

1.4 リスクを軽減する

さて、散々脅すようなことを述べましたが、技術的な負債を返済することには大きな価値があります。先に説明したさまざまなリスクは、完全に打ち消したり無視することはできません。しかし、うまく進めることで軽減していくことは可能です。

本書では、ひとつひとつの改善作業のコスト自体は高くなる可能性はあるものの、可能な限りリスクを減らしながら、一歩ずつ「石橋を叩いて渡り」改善を進めることにフォーカスします。注意点として、すべてをそのまま実践していくと時間がかかりすぎる可能性もありますので、実際に改善作業と向き合った際に、もっともリスクと感じる部分にうまく取捨選択して適用していただければと思います。

第2章　レガシーコードを理解する

2.1　いきなりコードを変更しない

「彼を知り己を知れば百戦殆うからず」という故事成語があります。安全に書き換えるためには、対象となるコードを誰よりも理解していなければなりません。

もしかすると、想像を遥かに超えて整理や分類が困難なほどに複雑なコードかもしれません。はたまた、ボリュームが巨大で到底終わりそうもない修正量かもしれません。これら自体は仕方のないことですが、先に状況を把握して、正しく知ることが重要です。

到底無理であるなら対象範囲を削る、やることを絞るなど、現実的な落とし所を探すことができます。新しいフレームワークを導入する前に一度リファクタリングを実施する、といった戦略も考えられます。

理解しないまま、とりあえずコードを触りはじめるのは大きなリスクです。戦う前に、まずはコードを正しく知るところから始めてみましょう。

2.2　DOMの扱いで分離する

レガシーなフロントエンドコードを読み解く場合、まずはDOMをどのように取り扱っているかを把握するとよいでしょう。理解しづらい大きい要因のひとつは、DOMと処理の関係性が見えづらいことにあります。最終的にVue.jsやReactといったフレームワークに書き換えるときも、DOMとそれに関連する処理のまとまりごとに書き換えていきます。つまり、逆に考えれば意味のあるまとまりを把握できていないと、書き換えもまた困難になるのです。

DOM操作コードは大きく分けて次に分類していくことができます。

Write/書き込み

DOMへ破壊的な値の書き込みを行う処理です。HTMLやテキストを直接書き換えているものが代表的でしょう。

Write/書き込み処理 - HTMLやテキストの書き換え

```
// jQueryによるHTML・テキストの書き込み
$(".el").text("新しいテキスト");
$(".el").html("<span>コンテンツ</span>");

// DOM APIによるHTML・テキストの書き込み
document.querySelector(".el").innerText = "新しいテキスト";
document.querySelector(".el").innerHTML = "<div>コンテンツ</div>";
```

DOM要素自体の追加や削除も該当します。

Write/書き込み処理 - DOM要素の追加や削除

```
// jQueryによるDOMの追加・削除
$(".el").append($("<div>"));
$(".el").remove();

// DOM APIによるDOMの追加・削除
document.querySelector(".el").append(document.createElement("div"));
document.querySelector(".el").remove();
```

クラス・属性・スタイルの更新もDOMを書き換えています。

Write/書き込み処理 - クラス・属性・スタイル

```
// jQueryによるクラス・属性・スタイルの書き換え
$(".el").addClass("myclass");
$(".el").removeClass("myclass");
$(".el").attr("myattr", "abc");
$(".el").css("color", "red");

// DOM APIによるクラス・属性・スタイルの書き換え
document.querySelector(".el").classList.add("myclass");
document.querySelector(".el").classList.remove("myclass");
document.querySelector(".el").setAttribute("myattr", "abc");
document.querySelector(".el").style.color = "red";
```

jQueryなどのライブラリー利用時には「実はDOMを操作している」というAPIもあるので注意が必要です。

Write/書き込み処理 - 実はDOMを操作するAPI

```
// 実はstyleに"display: none;"を付与している
$(".el").hide();

// 実はstyleに"height: 100px;"を付与している
$(".el").height(100);
```

Read/読み込み

DOMから何らかの値の読み込みを行う処理です。書き込みと同様、HTMLやテキストの読み込みが代表例でしょう。

Read/読み込み処理 - HTMLやテキストの読み込み

```
// jQueryによるHTML・テキストの読み込み
var text = $(".el").text();
var html = $(".el").html();

// DOM APIによるHTML・テキストの読み込み
var domHtml = document.querySelector(".el").innerHTML;
var domText = document.querySelector(".el").innerText;
```

クラス・属性・スタイルの参照も該当します。

Read/読み込み処理 - クラス・属性・スタイルの読み込み

```
// jQueryによるクラス・属性・スタイルの読み込み
var myclass = $(".el").attr("myattr");
var hasclass = $(".el").hasClass("myclass");
var height = $(".el").css("height");

// DOM APIによるクラス・属性・スタイルの読み込み
var classList = document.querySelector(".el").classList;
var domAttr = document.querySelector(".el").getAttribute("myattr");
var domHeight = document.querySelector(".el").style.height;
```

要素数自体を取得している場合も読み込み処理に分類されるでしょう。

Read/読み込み処理 - 要素数の取得

```
// jQueryによる要素数の取得
var length = $(".el").length;

// DOM APIによる要素数の取得
var domLength = document.querySelectorAll(".el").length;
```

Event/イベントハンドリング

クリック・入力といったイベントに応じて他の処理に繋げる処理です。

Event/イベントハンドリングの例

```
// jQueryによるイベントハンドリング
$(".el").click(function() {
  eventHandler();
});
$(".el").on("click", function() {
  eventHandler();
});

// DOM APIによるイベントハンドリング
document.querySelector(".el").addEventListener("click", function(){
  eventHandler();
});
```

2.3 理解を記録として残す

レガシーコードを理解するときは、ただコードを眺めていくだけではなく、何らかの方法で記録に残すことをオススメします。

いずれ捨てることになる情報なので、一見無駄に感じるかもしれません。しかし、レガシーコードの改善作業は長い時間が必要となることもあります。コードが巨大であれば、過去に理解したはずのコードを見て「あれ？これなんだっけ？」と忘れてしまうこともあり得ます。

大前提となる知識を確認した成果物が残っていると、後々思い返す際にもスムーズです。改善作業の方向性が間違っていないか都度確認するための貴重な材料になります。

資料化して残す

筆者がオススメするのは、多少手間でも資料として残しておくことです。データとテンプレートの関連が目に見えて理解できますし、メンバーへ共有する際もスムーズになります。方法は自分のやりやすい方法でかまいません。筆者はdraw.io[1]というフリーのWebアプリケーションを利用しています。PowerPointやKeynoteなどのプレゼンテーションツールを使ってもよいですし、ホワイトボードや大きな紙に物理的に書くという手もあります。

例として本書の「実践編」で利用するTODOアプリケーションであれば、次のような図示化が可能です。

図2.1: サンプルコードを図示化した例

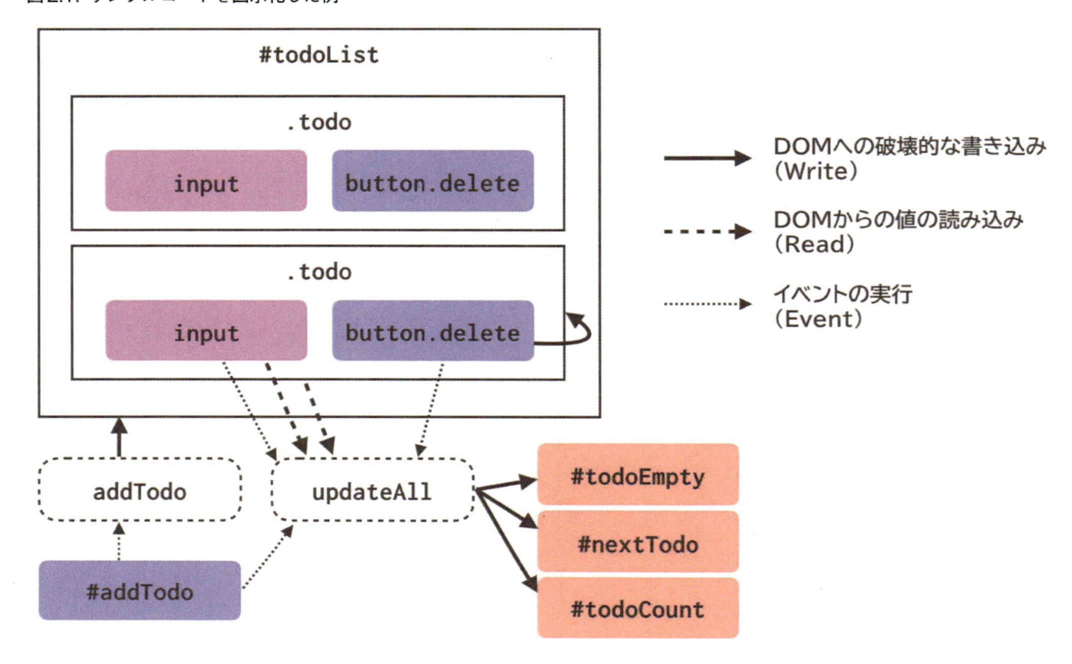

HTML上の要素同士の関連と、データやイベントの流れがイメージしやすいのではないでしょうか。筆者が実際にプロダクトで長年利用されていたレガシーコードをリファクタリングした際にも、これよりも遥かに大きい図を書くところから始めました。それによって、深く既存コードを理解できた実感が得られましたし、見返すことも多く、リファクタリングの後半までとても役に立ってくれました。

コードコメントに残す

簡易的な方法としては、コード中に直接コメントを入れてしまう方法もあります。力技ではありますが、規模が小さい場合にはこれだけでも効果が得られるかもしれません。

1.https://www.draw.io/

リスト2.1: コードコメントにDOM操作の分類をコメントした例

```
function updateAll() {
  var count = $('.todo').length; // ★READ
  var next = $('.todo input').first(); // ★READ
  var nextTodoText = count ? next.val() : '(未登録)' // ★READ

  $('#nextTodo').text('次のTODO: ' + nextTodoText); // ★WRITE
  $('#todoCount').text('(全' + count + '件)'); // ★WRITE

  if (count) {
    $('#todoList').show(); // ★WRITE
    $('#todoEmpty').hide(); // ★WRITE
  } else {
    $('#todoList').hide(); // ★WRITE
    $('#todoEmpty').show(); // ★WRITE
  }
}

function addTodo() {
  var wrapper = $('<div>');
  wrapper.addClass('todo');

  var input = $('<input>');
  input.attr('type', 'text');

  var deleteButton = $('<button>');
  deleteButton.addClass('delete').text('削除');

  wrapper.append(input);
  wrapper.append(deleteButton);
  $('#todoList').append(wrapper); // ★WRITE
}

$(function() {
  $('#addTodo').on('click', function() { // ★EVENT
    addTodo();
    updateAll();
  });

  $('#todoList').on('input', '.todo:eq(0)', function() { // ★EVENT
    updateAll();
```

```
  });

  $('#todoList').on('click', '.delete', function() { // ★EVENT
    $(this).closest('.todo').remove();
    updateAll();
  });

  updateAll();
});
```

2.4 自分の理解度を確認する

「正しくコードを理解するのが重要だ～！」と説明してきましたが、「理解した」の判断基準はどうすればよいでしょうか。

理解のための資料を作り始めると、どこまでやればいいのかわからずに際限なく資料を作ってしまいがちです。重要なのは資料化自体ではなく、それに伴って自分自身が「コードを理解している」ということを確認することです。

もし理解のために資料化を行う場合、それ自体が目的になってしまわないように注意してください。筆者が作業をする際は、自分が理解できているか確認する際に「他のメンバーにコードを説明できるか」を判断基準のひとつとしています。説明するためには、何よりも自分が理解していないと不可能ですし、そのために資料が必要になることもあります。結果的に、現状の理解で問題ないかどうかが見えてくることでしょう。

第3章　パッケージ管理

3.1　手動によるパッケージ管理は大変

レガシーフロントエンドで、OSSで提供されている外部ライブラリーを利用するケースを考えてみます。この際、オフィシャルページからJavaScript/CSSといったファイルをダウンロードして、自分たちが作成したコードと一緒に配備する、といった方法が一般的でした。しかし、この方法にはさまざまな苦労が伴います。

バージョン管理のコスト

まず、そのライブラリーについても、機能追加・バグ修正・セキュリティー上のパッチ適用などの更新が発生します。手動ですべてを管理していると、バージョンアップ時にはライブラリーごとの配布ページから、適宜新しいライブラリーファイルをダウンロードして差し替える必要があります。その際どのファイルがどのページで配布されていかを把握することが必要です。さらに問題発生時にロールバックする可能性を考慮すると、更新前のファイルをすべて保存しておかねばなりません。

依存ライブラリーの取り扱い

ライブラリー自体も、多くはさらに他のライブラリーに依存して動作しています。そういった場合、ライブラリーが依存するライブラリーも自分たちで管理しなければなりません。依存の関係によっては、同じライブラリーでも複数バージョンが必要になることもあります。そして依存ライブラリー自体もまた他のライブラリーに依存して……となると、手動での管理はいずれ破綻してしまうことでしょう。

環境の再現

まったく同じ環境を構築するためには、ライブラリーも同じファイルを用意する必要があります。すべてのライブラリーを自分たちで保存して管理していればまだマシですが、バージョン情報だけを頼りに再構築するためには、すべてのファイルを再度ダウンロードする必要があります。時間と共にダウンロード用のURLが変わることもありますし、古いバージョンのファイルはアーカイブされてしまうこともあるでしょう。たかがファイルの取得と思いきや、膨大なコストが必要となることも考えられます。

3.2　パッケージマネージャー

先述したような問題に対応するため、**パッケージマネージャー**を利用するのが一般的です。

パッケージマネージャーは、専用のファイルに利用するライブラリーとバージョン情報を記述しておくことで、簡単にすべてのパッケージを取り扱うことを可能にするものです。ほとんどのプログラミング言語にパッケージマネージャーが存在します。たとえばRubyであればGem、JavaであればGradle・Mavenといったものが利用されています。

JavaScriptの場合は、Node.jsのパッケージ管理ツールである`npm`を利用します。改善作業の中でもさまざまなnpmパッケージを利用するため、もし導入していないのであれば最初にnpmの導入から始めましょう。

3.3 npmの導入

Node.js[1]をインストールすれば同時にnpmも利用可能となります。なお、本書内ではnpmを利用しますが、Facebook製の`yarn`[2]というパッケージマネージャーも広く使われています。動作に若干差異はありますが、基本的なパッケージ管理の部分はどちらでも実現可能なので、興味があればyarnを利用してもよいでしょう。

npmでは、パッケージの情報は`package.json`というファイルに記述します。手で作成することも可能ですが、npmコマンド経由で初期化すると簡単です。

```
$ npm init -y
```

なお、`-y`オプションを省略すると、パッケージ名・バージョン・ライセンスといった情報を入力するよう促されます。しかしWebアプリケーション開発では、npmパッケージとして公開することはほぼ無いでしょう。その場合、`-y`オプションですべてをスキップすることができます。

コマンド実行後、package.jsonが生成されていれば初期化は完了です。

3.4 dependenciesとdevDependencies

パッケージの追加はnpmコマンドで行いますが、その際、オプションによって若干の動作差異があります。jqueryをパッケージとして追加したい場合を例に見てみます。

```
$ npm install jquery
or
$ npm install jquery -D
$ npm install jquery --save-dev
```

`-D`オプションの有無がポイントです。なお、`-D`オプションは`--save-dev`オプションの短縮形です。違いとしては、省略した場合はpackage.jsonの`dependencies`に追加されますが、`-D`を付与した場合には`devDependencies`に追加されます。

1.https://nodejs.org/

2.https://yarnpkg.com/

-Dを省略した場合のpackage.json（一部を抜粋）

```
...
"dependencies": {
  "jquery": "^3.4.1"
}
...
```

-Dを付与した場合のpackage.json（一部を抜粋）

```
...
"devDependencies": {
  "jquery": "^3.4.1"
}
...
```

dependenciesとdevDependenciesですが、npmにパッケージとして公開した場合に、利用者側にはdevDependenciesの内容はダウンロードされないという違いがあります。レガシーフロントエンドの改善は、ほとんどのケースで内部のみの利用であり、一般公開することはないでしょう。そのため、dependencies/devDependenciesのどちらに追加されているかによって動作に影響を与えることはほぼありません。筆者が管理する際には

- ブラウザー上で直接動作するものはdependencies
- 自分たちが開発用に使うものはdevDependencies

といった使い分けをしており、個々のライブラリーが直接影響を与えるのが誰（ユーザーor開発者）なのかを区別しています。

3.5　npxによるコマンドの実行

npmパッケージをインストールした場合、node_modules/.bin/配下に実行可能なスクリプトが置かれます。実行時には直接パスを指定するか、npm binでパスを取得する必要があります。たとえば、後の章で紹介するテスティングフレームワークのjestは次のコマンドで実行できます。

```
$ ./node_modules/.bin/jest
$ $(npm bin)/jest
```

しかし、npm5.2からはnpxコマンドが利用可能となっており、npx xxxだけでパスを解決してくれます。便利なので積極的に利用していくとよいでしょう。

```
$ npx jest
```

3.6 実践編：パッケージ管理

それでは、サンプルTODOアプリケーションにパッケージ管理を追加しておきましょう。もしNode.jsがインストールされていなければ、公式ページからOSに準じたインストーラーをダウンロードしてインストールしてください。

- https://nodejs.org/ja/

npmコマンドが利用可能になったら、TODOアプリケーションのルートディレクトリーで次のコマンドを実行します。

```
$ npm init -y
```

本章の範囲ではこのコマンドを実行してpackage.jsonが生成されれば終了です。（とてもあっけないですが、次章以降の実践からが本番です！）

第4章　テストコードを用意する

4.1　変更前の挙動をテストコードで保証する

もしあなたが安全に改善を進めたいと思っていて、かつ改善しようとしているコードにテストコードが用意されていないのであれば、まずはそこから整えていくとよいでしょう。先にリスクとして挙げた「挙動を壊してしまう」に立ち向かうための強力な味方がテストコードです。

改善作業ではコードに変更を加えるたび、「変更前と同じ振る舞いをしているか？」という確認を何度も行う必要があります。そのたびに目視で確認するのは非常に時間がかかりますし、人間ですので見落とし・見間違いもあるでしょう。そして、なによりもひたすら確認作業を行うのは単純で退屈です。

一方テストコードであれば、何百回・何千回と繰り返し実行することが可能で、時間もかかりません。人間と違い同じテストを繰り返しても見落とすことがありません。さらにテストが通っていること自体がその動作を保証するエビデンスとなり、改善作業を進めるうえでの自信にも繋がります。

改善を進めながらテストコードを同時に書いていくという方法もあります。しかし「変更前と同じであること」を保証するテストコードは、当然「変更前」のタイミングでしか用意することができません。資料化などを経て改善前のコードをきちんと理解できていれば、きっと有用なテストコードを書くことができるでしょう。

4.2　E2Eテスト

改善のためのテストコードにおいて特に大きな力を発揮するのが**E2E（End To End）テスト**です。E2Eテストでは「ユーザーから見たときのシステムの振る舞い」を検証します。たとえば本を検索するようなアプリケーションがあった場合、次のようなものが振る舞いと考えられます。

- 本の名称で検索して一覧表示できる
- 件数が多い場合にはページの切り替えができる
- 本の詳細ページに遷移して内容を確認することができる

逆に、次のようなものは振る舞いとは呼べないでしょう。

- id=searchのbutton要素をクリックするとsearchBooks関数が実行される
- searchBooks関数を実行するとid=listのtableタグにtrタグが挿入される
- transition関数に引数pageを指定して実行するとlocation.hrefが変更される

システムにおける振る舞いとは、ユーザーが得られる体験そのものです。これらをテストコードで担保していくことで、ユーザーから直接見えない内部的な部分を力強く変更していくことが可能になります。

またE2Eテストの手法のひとつとして、ブラウザーを利用したテスト実行も可能です。ユーザーが実際に操作しているときとほぼ同等の条件での確認ができるため、「壊していない」ということをより強く保証してくれます。

JestとPuppeteerによるE2Eテスト

E2Eテストにはさまざまな方法があります。Selenium[1]やRuby on RailsにおけるCapybara[2]などが有名です。本書ではフロントエンド向けテストフレームワークである**Jest**とHeadless Chrome向けAPIである**Puppeteer**を利用する方法を紹介します。

- Jest - https://jestjs.io/
- Puppeteer - https://pptr.dev/

JestとPuppeteerによるE2Eテストを行うためには、まず必要なパッケージを追加します。

```
$ npm install -D jest puppeteer jest-puppeteer
```

次に、プロジェクトルートに`jest.config.js`という名称でJest向けの設定ファイルを追加します。

jest.config.js

```
module.exports = {
  "preset": "jest-puppeteer"
};
```

これで基本的なセットアップは完了です。それでは、仮に次のような内容で`index.html`というファイルがあると想定してみましょう。

index.html

```
<!DOCTYPE html>
<html>
<head>
  <style>
    td {
      padding: 10px;
      border: 2px solid gray;
    }
```

1.https://www.seleniumhq.org/

2.https://github.com/teamcapybara/capybara

```
  </style>
</head>
<body>
  <h1 id="title">ページタイトル</h1>
  <table>
    <tr><td>@mugi_uno</td></tr>
    <tr><td>富山県</td></tr>
    <tr><td>レガシーフロントエンド安全改善ガイド</td></tr>
  </table>
</body>
</html>
```

このコードに対して、spec/e2e.spec.jsという内容でシンプルなE2Eテストを用意すると、次のようなイメージです。

spec/e2e.spec.js - Jest/PuppeteerによるE2Eテストコード例

```
const path = require("path");

describe("E2Eテスト", () => {
  beforeEach(async () => {
    await page.goto("file://" + path.resolve(__dirname, "../index.html"));
  });

  it("ページのタイトルが表示される", async () => {
    await page.waitForSelector("#title", { visible: true });
    await expect(page).toMatchElement(
      "#title", { text: "ページタイトル" }
    );
  });
});
```

jestコマンドでテストを実行します。

```
$ npx jest ./spec/e2e.spec.js
```

図4.1: Jest/PuppeteerによるE2Eテストの実行結果例

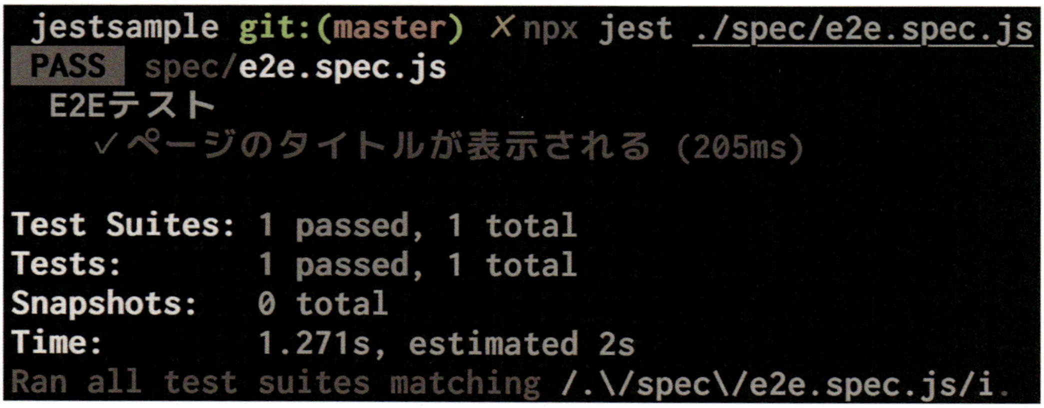

```
 jestsample git:(master) ✗ npx jest ./spec/e2e.spec.js
 PASS  spec/e2e.spec.js
  E2Eテスト
    ✓ ページのタイトルが表示される (205ms)

Test Suites: 1 passed, 1 total
Tests:       1 passed, 1 total
Snapshots:   0 total
Time:        1.271s, estimated 2s
Ran all test suites matching /.\/spec\/e2e.spec.js/i.
```

Puppeteerにはマウスクリック・キーボード入力・ウィンドウサイズ操作など、さまざまなブラウザー操作用のAPIが利用可能です。利用可能なAPIは公式GitHubリポジトリーのドキュメントに記載があります。

・https://github.com/GoogleChrome/puppeteer/blob/v1.16.0/docs/api.md

ブラウザーを起動してE2Eテストを目視で確認する

Puppeteerはデフォルトではヘッドレスモード（目に見えるブラウザーの起動はなし）ですが、目に見える形で起動することも可能で、これによりE2Eテストの動作を目視で確認することもできます。Jestと組み合わせたE2Eテストで実行するには、`jest-puppeteer.config.js`というファイルを用意することで、Puppeteerに実行時オプションを渡すことができます。

リスト4.1: jest-puppeteer.config.js

```
module.exports = {
  launch: {
    headless: false
  }
};
```

実際に試してみると、一瞬で終了するかもしれませんが、ブラウザーが起動しテストが実行されるのを確認できます。なぜE2Eテストが失敗するのかわからないケースなどで役に立つでしょう。

なおheadless以外の起動オプションに興味がある場合、ブラウザー操作用のAPI同様、PuppeteerのAPIドキュメント[3]を確認してみてください。

テストはモダンに書く

お気付きかもしれませんが、さきほど書いた簡単なE2Eテストでは、一部レガシーコードでは利用できない可能性があるシンタックス（文法）を利用しています。

```
beforeEach(async () => {
  await page.goto("file://" + path.resolve(__dirname, "../index.html"));
});
```

ここで利用しているのは、「Arrow Function[4]」と「Async Function[5]」のふたつです。

Arrow Function

```
() => {
  console.log("yeah");
}
```

Async Function

```
async () => {
  await foo();
}
```

これらはJavaScriptの標準仕様におけるモダン（新しい）なシンタックスです。一部ブラウザー環境では動作させるのに工夫が必要となりますが、テストコードはNode.jsで実行するため、Node.jsのバージョンがv7.6.0以降であれば利用可能です。実際にレガシーコードを改善していく際も、さまざまな点においてメリットがあることから、できるだけモダンなシンタックスの利用を推奨します。

3.https://github.com/GoogleChrome/puppeteer/blob/master/docs/api.md#puppeteerlaunchoptions
4.https://developer.mozilla.org/ja/docs/Web/JavaScript/Reference/Functions/Arrow_functions
5.https://developer.mozilla.org/ja/docs/Web/JavaScript/Reference/Statements/async_function

後の章でご紹介しますが、TypeScriptを利用してテストコードを書いていく場合も同様です。最終的にテストコードと実際のアプリケーションコードの間で記法に乖離がある状態は望ましくありません。テストコードの時点から可能な限りモダンなシンタックスでコードを書いていきましょう。

4.3 ビジュアルリグレッションテスト

E2Eテストによってシステムの振る舞いを保証できました。しかし他にもユーザーの体験に大きな影響を与えるものがあり、特に無視できないものは**デザイン**でしょう。ボタンのクリックやテキストの表示などが保証されていても、大幅にレイアウトが崩れていたり、カラーが全然違うものになっていたとすれば、それはバグとして認識されてしまうかもしれません。HTML・JavaScript・CSSは密接な関係にあり、改善の中でタグの構成や付与されるクラス・属性にも少なからず変化があります。デザインが意図しない形で変わっていないかも重要な観点です。

その点をカバーしてくれるのが**ビジュアルリグレッションテスト**です。ビジュアルリグレッションテストでは、あらかじめ用意しておいたブラウザーのスクリーンショットと変更後のスクリーンショットを画像ベースで比較します。これによって、従来は目視で確認していた「見た目」の部分の変化を機械的に検出することができます。

jest-image-snapshot

Jestにはjest-image-snapshotというプラグインがあり、これを利用することで手軽にビジュアルリグレッションテストを導入することができます。

・https://github.com/americanexpress/jest-image-snapshot

```
$ npm install -D jest-image-snapshot
```

ここでは、テストに使うための画面のスクリーンショットを用意する必要があります。実はそれほど難しくはなく、Puppeteerでスクリーンショットの撮影が可能です。すでにE2Eテストが用意できていれば、そのコードをベースにすることでスクリーンショットを簡単に用意できるでしょう。

なお、そのままE2Eテスト内に組み込んでもかまいませんが、テストの目的が異なりますので別ファイルにするのを推奨します。さきほどのE2Eテストのサンプルをベースに`visual.spec.js`というファイルを用意すると、次のようなイメージです。

visual.spec.js - jest-image-snapshotを利用したテストコード例

```
const path = require("path");

const { toMatchImageSnapshot } = require("jest-image-snapshot");
expect.extend({ toMatchImageSnapshot });
```

```
describe("ビジュアルテスト", () => {
  beforeEach(async () => {
    await page.goto("file://" + path.resolve(__dirname, "../index.html"));
  });

  it("HTML/CSSを含めた見た目が正しい", async () => {
    await page.waitForSelector("#title", { visible: true });
    expect(await page.screenshot()).toMatchImageSnapshot();
  });
});
```

次のコードでJestでの検証用メソッドを拡張しています。

```
const { toMatchImageSnapshot } = require("jest-image-snapshot");
expect.extend({ toMatchImageSnapshot });
```

そして、次のコードでは画像の撮影と比較を行っています。

```
expect(await page.screenshot()).toMatchImageSnapshot();
```

テストを実行してみましょう。

```
npx jest ./spec/visual.spec.js
```

実行後はspec/__image_snapshots__配下にスクリーンショットが自動的に保存されます。これが現在のコードを利用した場合の最新の「見た目」になります。

図 4.2: jest-image-snapshot を利用したテストの実行結果例

```
jestsample git:(master) ✗ npx jest ./spec/visual.spec.js
 PASS  spec/visual.spec.js
  ビジュアルテスト
    ✓ HTML/CSSを含めた見た目が正しい (876ms)

 › 1 snapshot written.
Snapshot Summary
 › 1 snapshot written from 1 test suite.

Test Suites: 1 passed, 1 total
Tests:       1 passed, 1 total
Snapshots:   1 written, 1 total
Time:        2.623s, estimated 3s
Ran all test suites matching /.\/spec\/visual.spec.js/i.
```

図 4.3: スクリーンショットの一覧

```
spec
  __image_snapshots__
    visual-spec-js-ビジュアルテスト-html-cssを含めた見た目が正しい-1-snap.png
```

この状態で見た目に変化があると、次回実行時にエラーとなります。ためしにHTMLの一部を次のように書き換えてみます。

index.html（一部を変更）

```
...
<head>
  <style>
    td {
      padding: 20px;
      border: 3px solid gray;
    }
  </style>
</head>
...
```

そしてテストを再度実行すると、差異を検出してテストが失敗するのを確認できます。

図 4.4: jest-image-snapshot で画像差異を検出した場合の実行結果

```
jestsample git:(master) ✗ npx jest ./spec/visual.spec.js
 FAIL  spec/visual.spec.js
  ビジュアルテスト
    ✕ HTML/CSSを含めた見た目が正しい (1456ms)

  ● ビジュアルテスト › HTML/CSSを含めた見た目が正しい

    Expected image to match or be a close match to snapshot but was 2.2714583333333334% different from snaps
hot (10903 differing pixels).
    See diff for details: /Users/mugi/src/localhost/sample/jestsample/spec/__image_snapshots__/__diff_output
__/visual-spec-js-ビジュアルテスト-html-cssを含めた見た目が正しい-1-diff.png

      11 |   it('HTML/CSSを含めた見た目が正しい', async () => {
      12 |     await page.waitForSelector('#title', { visible: true });
    > 13 |     expect(await page.screenshot()).toMatchImageSnapshot();
         |                                     ^
      14 |   });
      15 | });

      at Object.toMatchImageSnapshot (spec/visual.spec.js:13:37)

 › 1 snapshot failed.
Snapshot Summary
 › 1 snapshot failed from 1 test suite. Inspect your code changes or re-run jest with `-u` to update them.

Test Suites: 1 failed, 1 total
Tests:       1 failed, 1 total
Snapshots:   1 failed, 1 passed, 2 total
Time:        3.122s
Ran all test suites matching /.\/spec\/visual.spec.js/i.
```

差異の画像はspec/__image_snapshots__/__diff_output__配下に出力されます。スクリーンショット内でどのあたりに差異があったのかも色付きで出力されるため、ひと目で理解することができます。

図4.5: 画像差異の出力例

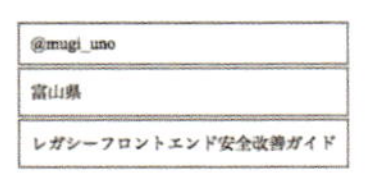

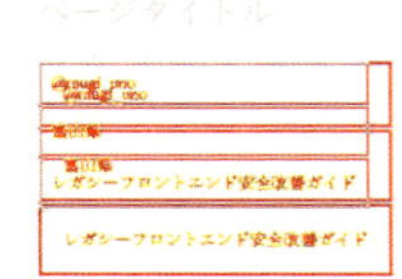

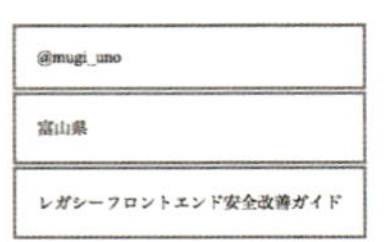

なお、改善の中で本当に見た目の変更を行ったため変更後のスクリーンショットのほうが正しくなった、というケースもあるかと思います。その場合には、`--updateSnapshot`を付与して実行することで、新しいスクリーンショットを正として上書きすることができます。

```
npx jest ./spec/visual.spec.js --updateSnapshot
```

Gitなどのバージョン管理ソフトを利用している場合には`spec/__image_snapshots__`配下をバージョン管理に追加しておきましょう。これで振る舞いに加え、見た目についても変更前と同様であることを保証できました。改善の中で、CSSが絡むタグ構造やクラスといった部分の変更も安心して行っていけるでしょう。

threshold（しきい値）の調整

jest-image-snapshotは、デフォルトではかなり厳しく画像の差異をチェックします（1ピクセルずつチェックしていき、カラー差異が1%以上のものが1ピクセルでも存在していれば失敗）。しかし、改善をどのように進めていくかのポリシーによっては多少の差異を許容できるケースもあるでしょう。そういったときには、threshold（しきい値）を設定することでチェックするレベルを調整することができます。たとえば失敗条件を「全体の5%以上のピクセルに差異があったとき」とする場合、テストコードの先頭部を次のように書き換えます。

リスト4.2: thresholdを設定する例

```
const { configureToMatchImageSnapshot } = require("jest-image-snapshot");
const toMatchImageSnapshot = configureToMatchImageSnapshot({
  failureThreshold: "0.05",
  failureThresholdType: "percent"
});
expect.extend({ toMatchImageSnapshot });

...
```

さきほど失敗していたテストは、この状態で実行すると成功するのを確認できます。

なお、しきい値は緩くすればするほど、本当に差異があるのに見落としてしまうリスクも高まります。最初はできるだけ厳しめに設定し、状況を見ながら徐々に緩めていくのがよいでしょう。

reg-suit

ビジュアルリグレッションテストの他の方法としてreg-suitがあります。reg-suitはスナップショットを撮影する機能は持っていません。そのかわりに画像の比較と結果レポートの出力に特化したツールです。さまざまなプラグインを使うことでGitHub・Slack・AWS S3といった外部サービスとの連携も可能ですが、本書ではごく簡単な動作例のみを紹介します。

- https://reg-viz.github.io/reg-suit/

利用にはnpmパッケージを追加します。

```
$ npm install -D reg-suit
```

`regconfig.json`という名称で設定ファイルを作成します。

リスト4.3: regconfig.json

```
{
  "core": {
    "workingDir": ".reg",
    "actualDir": ".reg-actual",
    "thresholdRate": 0,
    "ximgdiff": {
      "invocationType": "client"
    }
  }
}
```

`.reg/expected`ディレクトリー配下と`.reg-actual`ディレクトリー配下に同名で内容が異なる画像を配置しreg-suitを実行します。

```
$ npx reg-suit run
```

うまく実行できれば次のような出力になるはずです（一部のみ抜粋しています）。

```
[reg-suit] info Comparison Complete
[reg-suit] info    Changed items: 1
[reg-suit] info    New items: 0
[reg-suit] info    Deleted items: 0
[reg-suit] info    Passed items: 0
```

Changed items: 1になっている点に注目してください。これはreg-suitが画像を比較した結果、1件の差異を検出したことを意味します。実行後は.reg/index.htmlにレポートが出力されます。これをブラウザーで開くことで、詳細な差異を確認することができます。

図4.6: reg-suitによる出力例

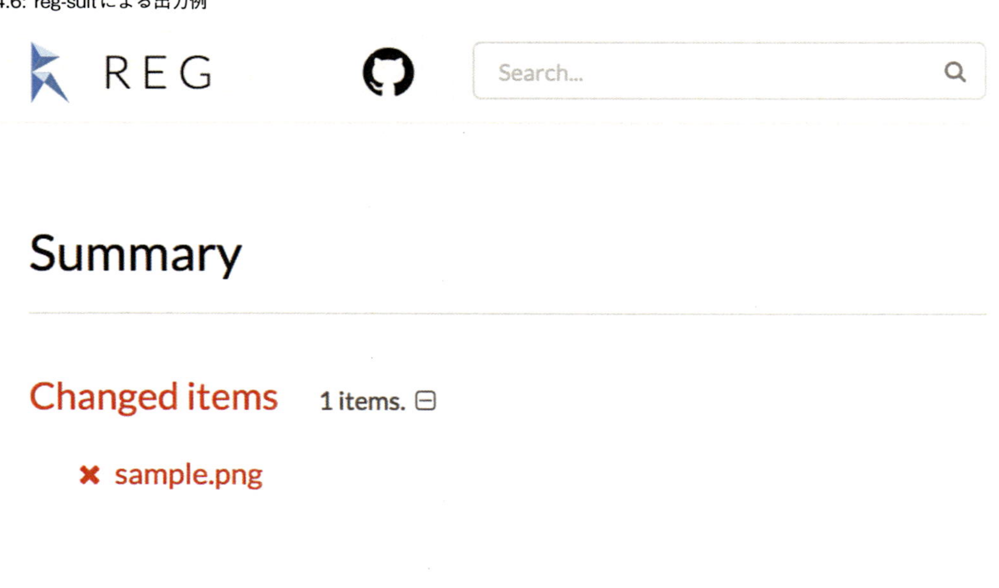

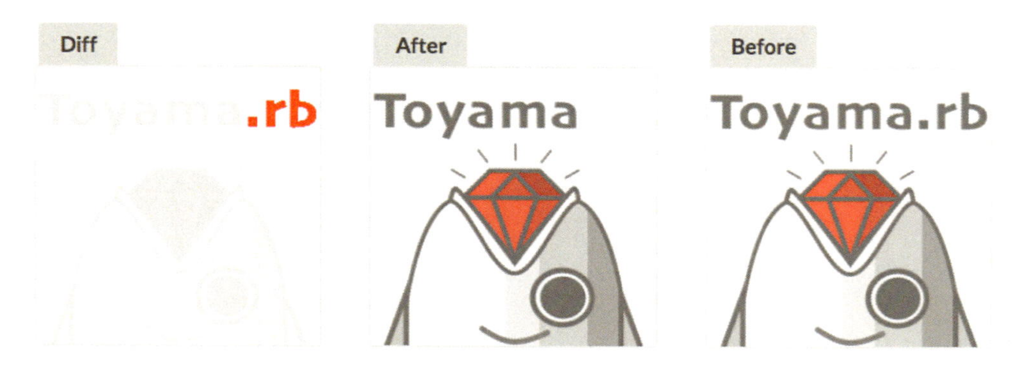

すでにE2Eテストが構築されている場合などでは、そちらでスクリーンショットを作成可能なケー

スなども考えられます。そういった場合にはreg-suitのみを追加で導入したほうが、より効率的にビジュアルリグレッションテストを実現することができるでしょう。

4.4 スナップショットテスト（HTML）

E2Eテスト、ビジュアルリグレッションテストに加えて、HTMLベースでのスナップショットテストを紹介します。

スナップショットテストとは、テスト内で何らかの出力を保存し、2回目以降の実行時は保存されている出力と比較を行うことで差分を検知するテストです。

Jestにはスナップショットテストの機能がもともと備えられています。そして、先に紹介したビジュアルリグレッションテストも画像を利用したスナップショットテストであり、jest-image-snapshotはJestのスナップショットテストの機能を拡張するライブラリーです。本来のJestのスナップショットテストは画像ではなくテキストベースでの比較を想定されており、こちらも変更前後の動作差異を厳密に検証するうえで力を発揮します。

ビジュアルリグレッションテスト同様、こちらもE2Eテストをベースに作成すると簡単に導入することができます。`spec/snapshot.spec.js`というファイルを作成し実際にテストコードを書くと次のようなイメージです。

spec/snapshot.spec.js - スナップショットテスト例

```
const path = require("path");

describe("スナップショットテスト", () => {
  beforeEach(async () => {
    await page.goto("file://" + path.resolve(__dirname, "../index.html"));
  });

  it("スナップショットテスト", async () => {
    await page.waitForSelector("#title", { visible: true });
    expect(await page.content()).toMatchSnapshot();
  });
});
```

```
npx jest ./spec/snapshot.spec.js
```

成功すると`spec/__snapshots__`配下にスナップショットファイルが作成されます。index.htmlの内容を一部だけ変更して実行してみます。

index.html（一部を変更）

```
...
   <h1 id="title">ページタイトル！</h1>
...
```

そして再度実行すると、HTMLの内容に差異があるためテストに失敗します。Jestではテキストベースのスナップショットテストを実行した場合、内部ではpretty-formatというライブラリーを利用しており、どこで差異があったかも整形してわかりやすく表示してくれます。

図4.7: HTMLベースでのスナップショットで差異を検出した例

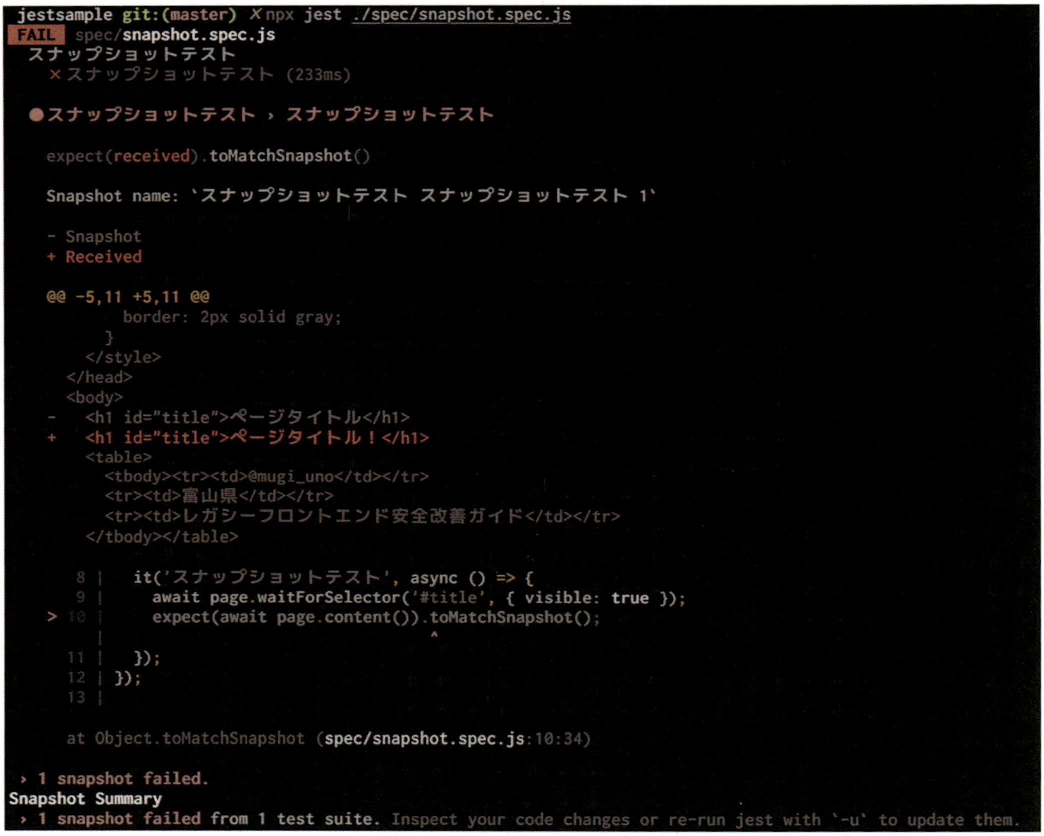

```
jestsample git:(master) ✗ npx jest ./spec/snapshot.spec.js
 FAIL  spec/snapshot.spec.js
  スナップショットテスト
    × スナップショットテスト (233ms)

  ● スナップショットテスト › スナップショットテスト

    expect(received).toMatchSnapshot()

    Snapshot name: `スナップショットテスト スナップショットテスト 1`

    - Snapshot
    + Received

    @@ -5,11 +5,11 @@
            border: 2px solid gray;
          }
        </style>
      </head>
      <body>
    -   <h1 id="title">ページタイトル</h1>
    +   <h1 id="title">ページタイトル！</h1>
        <table>
          <tbody><tr><td>@mugi_uno</td></tr>
          <tr><td>富山県</td></tr>
          <tr><td>レガシーフロントエンド安全改善ガイド</td></tr>
        </tbody></table>

       8 |   it('スナップショットテスト', async () => {
       9 |     await page.waitForSelector('#title', { visible: true });
    > 10 |     expect(await page.content()).toMatchSnapshot();
         |                                  ^
      11 |   });
      12 | });
      13 |

      at Object.toMatchSnapshot (spec/snapshot.spec.js:10:34)

 › 1 snapshot failed.
Snapshot Summary
 › 1 snapshot failed from 1 test suite. Inspect your code changes or re-run jest with `-u` to update them.
```

HTMLベースのスナップショットテストの位置付け

HTMLベースでのスナップショットテストは非常に簡単かつ効率的に差分を検出できます。たとえば内部で使っている関数単位でのリファクタリング時などには非常に強力な味方になってくれるでしょう。

しかし、jQueryからVue.jsといったレンダリング方法そのものの見直しを行う場合には、フレームワークが独自でクラスや属性を付与しているケースや、改善の都合でタグ構成を変えなければいけないケースなどが多発し、意図しない差異が大量に発生することも予想されます。そのため、差分が出た場合にすべてを変更前の状態で維持するのは非常に困難か、あるいは不可能です。

そういった場合には、HTMLベースでのスナップショットテストは、改善作業時に意図しない差分が発生していないかの「気づき」のためのきっかけとして捉えておくのがよいでしょう。

コストに対してメリットの大きいテストから揃える

本書ではE2Eテスト・ビジュアルテスト・スナップショットテストを優先して紹介しました。これには理由があります。改善作業において、かけるコストに対して得られるメリットが大きい、いわばコストパフォーマンスがよいのです。

テストコードは書こうと思えばどれだけでも細かく書くことが可能で、すべての関数ひとつひとつに対して細かな条件を網羅させることもできますが、それだけ多くの労力が必要となります。また、リファクタリングではコードを大きく作り変えます。つまり細ければ細かいほど、捨てることになるテストコードも増えることになります。

一方E2Eテストなどについては、ひとつのケースでフロントエンドからバックエンドまで網羅できる範囲が広く、かつ「ユーザーの体験」という重要な要素を保証してくれます。また、コード改善後もユーザーの体験は変わらないため、作業が完了しても有効な資産として残していくことができます。

ただ、E2Eテスト・ビジュアルテスト・スナップショットテストが万能かというとそういうわけではなく、たとえば新規プロダクト開発の初期段階などでは、日々大幅に見た目が変化することもあるでしょう。タイミングや状況に応じて効果の大きいテストは変化していくことを意識しておきましょう。

なお、システム的に特に厳密に品質を保証したい部分、たとえば金額計算などでは限界まで網羅性を高めたテストを書いておきたいというケースもあるでしょう。そういったときは、テストの実行効率や可読性にこだわりすぎないよう注意しながら、「改善が終わったら捨てるかもしれない」ということも視野に入れつつ、テストコードを増やしていくとよいでしょう。

E2Eテストの範囲

ここまでで紹介したサンプルでは、単一のHTMLファイルを直接オープンしてテストを実行しています。実際にシステムで利用されているものはここまでシンプルではなく、APIやデータベースなどが絡んでくるケースが大半でしょう。フロントエンド側しか手を加えていないので大丈夫だろうと思っていても、予想しないところで他レイヤーの影響を受けて問題となるケースは少なくありません。可能であれば、バックエンド側もすべて通して実行可能なステージング環境を整え、そこに向けてE2Eテストを実行するとより安全になります。

しかし、現実的には簡単には用意できないケースもあるでしょう。とはいえテストをまったく書かないのは、長い改善作業を考えるとオススメできません。バックエンドをモック化したり、後述するJavaScriptのRead/Writeのみに着目したテストを用意するなどして、少しでもテストで担保されている範囲を広げておきましょう。

4.5 テンプレートがサーバーサイドに依存するケースへの対処

E2Eテストやビジュアルリグレッションテストはとても強力ですが、現実的にはすぐにテストコードを書けないケースもあります。

Webアプリケーションの場合、いわゆるView層に相当するようなテンプレートはサーバーサイド側に強く依存していることが多いでしょう。たとえば次のようなものです。

・JSP（Java Server Pages）
・ERB（Embedded Ruby）
・PHP　など……

例として、RubyOnRailsがERBでショッピングカートを描画するコードを見てみましょう（あくまでも例なので、ERBのコードはなんとなく眺めるだけでOKです）。

RubyOnRailsでのERBコード例

```
<table>
  <tbody>
    <% @items.each do |item| %>
      <tr class="item">
        <td><%= item.name %></td>
        <td><%= item.price %>円</td>
        <td>
          <input type="hidden" value="<%= item.price %>" class="price" />
          <input type="text" class="quantity" />個
        </td>
      </tr>
    <% end %>
  </tbody>
</table>
<div>
  合計金額: <span class="total"></span>円
<div>

<script src="https://code.jquery.com/jquery-3.4.1.min.js"></script>
<%= javascript_include_tag "js/items.js" %>
```

js/items.js - 金額計算のスクリプト

```
function calculate() {
  var total = 0;

  $(".item").each(function() {
    var price = $(this).find(".price").val() || 0;
    var quantity = $(this).find(".quantity").val() || 0;
    total += price * quantity;
  });

  $(".total").text(total);
}
```

```
$(function() {
  $(".quantity").on("input", function() {
    calculate();
  });
});
```

数量を入力するたびに合計金額が計算されて、表示されるようなコードです。

図4.8: 動作例

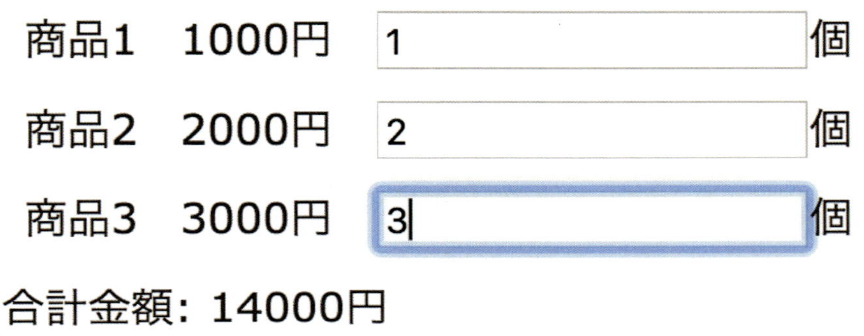

商品1 1000円 1 個
商品2 2000円 2 個
商品3 3000円 3 個
合計金額: 14000円

商品一覧部分のHTMLはテンプレートとなるERBをもとにサーバーサイドで生成されるため、そのままではフロントエンドのテストに利用することができません。

理想としてはサーバーサイドの実行も含めたテスト環境を用意してから、その上でE2Eテストやビジュアルリグレッションテストを整えるべきです。しかし、インフラ知識やコストといったさまざまな要因から、現実的にはそう簡単に環境を用意できないかもしれません。そういったケースでは、少し工夫してある程度の動作を担保するテストコードを書く方法があります。

JavaScriptのRead/Writeに注目したテストを書く

サーバーサイドのテンプレートとJavaScriptが絡み合っていると、非常に複雑に感じます。しかしJavaScript側から見たときのRead/Write（Input/Output）のみに注目すると、検証が必要な要素を絞り込み、JavaScript単体の動作を担保するテストコードを書くことができます。さきほどのコードでは、単価や数量といったフォームはERBの中に記述はされていますが、実際のところJavaScriptから見ると次の要素にしか関心はありません。

- itemクラスをもつ親要素
- quantityクラスをもつinput要素
- priceクラスをもつinput要素

・totalクラスをもつ何かテキストの要素

つまり、これらの要素だけをカバーしたHTMLを別途こちらで用意し、その入力と出力さえテストできればフロントエンド側での必要最低限の動作は保証できることになります。

実際にテストコードの例を見てみましょう。まず、テスト時にjQueryが解決できるようにパッケージをインストールしておきます。

```
$ npm install jquery
```

次のような内容で、JavaScriptが関心のある要素のみを切り出したHTMLファイルを別途用意します。

server.html

```
<div class="item">
  <input type="text" class="price" />
  <input type="text" class="quantity" />
  <div class="total"></div>
</div>
```

そしてこのHTMLをベースにテストコードを書きます。

items.spec.js - HTMLファイルを読み込んでテストを実行する

```
const path = require("path");
const fs = require("fs");
const $ = require("jquery");

global.$ = $;

describe("items.js", () => {
  beforeEach(async () => {
    const html = fs.readFileSync(path.resolve(__dirname, "server.html"));
    document.body.innerHTML = html

    require("./items.js");
    document.dispatchEvent(new Event("DOMContentLoaded"));

    // 初期化を待つ
    await new Promise(resolve => setTimeout(resolve, 100));
  });

  test("金額が計算される", async () => {
```

```
    document.querySelector(".price").value = 100;
    document.querySelector(".quantity").value = 200;
    document.querySelector(".quantity").dispatchEvent(new Event("input"));

    expect(document.querySelector(".total").textContent).toBe("20000")
  });
});
```

Jestではテスト実行環境[6]を指定することができ、デフォルトではjsdom[7]を利用したDOM操作をシミュレートできる環境となります（jest.config.jsにjest-puppeteerの設定が入っている場合は別環境となるのでご注意ください）。

次のコードで、事前に用意したHTMLをjsdom環境のdocument.bodyに設定し、テスト対象のJavaScriptコードをロードして初期化をしています。

```
const html = fs.readFileSync(path.resolve(__dirname, "server.html"));
document.body.innerHTML = html

require("./items.js");
document.dispatchEvent(new Event("DOMContentLoaded"));
```

そして、テスト対象コードがReadする要素にテスト用データを設定し、その結果Writeされる要素の内容が正しいか検証をしています。

```
document.querySelector(".price").value = 100;
document.querySelector(".quantity").value = 200;
document.querySelector(".quantity").dispatchEvent(new Event("input"));

expect(document.querySelector(".total").textContent).toBe("20000")
```

このように必要な要素のみを切り出してテスト対象として取り扱うことで、サーバーサイドが返すViewの内容は気にせずに、JavaScript単体として実行のRead/Writeを担保するテストを書くことができます。もちろんこのテストではスタイルの崩れなどは一切検知できないため、カバーされる範囲は限定的です。しかし、テストが何も無いよりは遥かによいでしょう。どうしてもテストが書けそうにないときには試してみてください。

6.https://jestjs.io/docs/ja/configuration#testenvironment-string

7.https://github.com/jsdom/jsdom

4.6　実践編：テストコードを用意する

それでは、サンプルTODOアプリにテストコードを用意してみましょう。まずは必要なパッケージを追加しておきましょう。

```
$ npm install -D jest puppeteer jest-puppeteer jest-image-snapshot
```

E2Eテスト

E2Eテストに残しておくと効果的なのは、アプリケーションの「振る舞い」です。サンプルのTODOアプリにおいては「実践編で利用するコードの仕様」がそのまま振る舞いと考えてよいでしょう。

- 追加ボタンをクリックするとTODOが追加される
- 削除ボタンをクリックするとTODOが削除される
- 一番上のTODOが次のタスクとして表示される
- タスクの総件数が表示される
- タスクが0件の場合には専用の表示となる

テストに残す内容は決まったので、Jest向けの設定ファイルを追加します。

リスト4.4: jest.config.js

```
module.exports = {
  "preset": "jest-puppeteer"
};
```

次の内容でspec/e2e.spec.jsを用意すればE2Eテストは完成です。

リスト4.5: spec/e2e.spec.js

```
const path = require("path");

describe("TODOアプリ", () => {
  beforeEach(async () => {
    await page.goto("file://" + path.resolve(__dirname, "../index.html"));
    await page.waitForSelector("#todoList", { visible: false });
    await page.waitForSelector("#todoEmpty", { visible: true });
  });

  it("初期表示", async () => {
    await expect(page).toMatchElement(
```

```
    "#todoEmpty", { text: "タスクがありません" }
  );
  await expect(page).toMatchElement(
    "#nextTodo", { text: "次のTODO: (未登録)" }
  );
  await expect(page).toMatchElement(
    "#todoCount", { text: "(全0件)" }
  );
});

it("タスクの追加", async () => {
  await page.click("#addTodo");
  await page.waitForSelector("#todoList", { visible: true });
  await page.waitForSelector("#todoEmpty", { visible: false });
  await expect(page).toMatchElement(
    "#todoCount", { text: "(全1件)" }
  );
  await page.click("#addTodo");
  await expect(page).toMatchElement(
    "#todoCount", { text: "(全2件)" }
  );
});

it("タスクの入力", async () => {
  await page.click("#addTodo");
  await page.click("#addTodo");
  await page.type(".todo:nth-child(1) input", "サンプルタスク1");
  await page.type(".todo:nth-child(2) input", "サンプルタスク2");
  await expect(page).toMatchElement(
    "#nextTodo", { text: "次のTODO: サンプルタスク1" }
  );
});

it("タスクの削除", async () => {
  await page.click("#addTodo");
  await page.click("#addTodo");
  await page.type(".todo:nth-child(1) input", "サンプルタスク1");
  await page.type(".todo:nth-child(2) input", "サンプルタスク2");
  await page.click(".todo:nth-child(1) .delete");
  await expect(page).toMatchElement(
    "#nextTodo", { text: "次のTODO: サンプルタスク2" }
```

```
    );
    await page.click(".todo:nth-child(1) .delete");
    await page.waitForSelector("#todoList", { visible: false });
    await page.waitForSelector("#todoEmpty", { visible: true });
    await expect(page).toMatchElement(
      "#todoCount", { text: "(全0件)" }
    );
  });
});
```

```
テストの実行
$ npx jest ./spec/e2e.spec.js
```

これでサンプルTODOアプリの振る舞いを保証するテストコードが用意できました。次章以降の改善作業で内部的な変更を加えていっても、このテストコードがパスしている限り、TODOアプリとして提供するユーザーの体験は保証されていることになります。

ビジュアルリグレッションテスト

サンプルTODOアプリにはCSSファイルも含まれています。見た目も保証するため、次はビジュアルリグレッションテストを用意してみます。spec/visual.spec.jsというファイルを次の内容で作成します。

リスト4.6: spec/visual.spec.js

```
const path = require("path");
const { toMatchImageSnapshot } = require("jest-image-snapshot");

expect.extend({ toMatchImageSnapshot });

describe("TODOアプリ", () => {
  beforeEach(async () => {
    await page.goto("file://" + path.resolve(__dirname, "../index.html"));
  });

  it("初期表示", async () => {
    expect(await page.screenshot()).toMatchImageSnapshot();
  });

  it("タスクの追加", async () => {
    await page.click("#addTodo");
    await page.click("#addTodo");
```

```
    expect(await page.screenshot()).toMatchImageSnapshot();
  });

  it("タスクの入力", async () => {
    await page.click("#addTodo");
    await page.click("#addTodo");
    await page.type(".todo:nth-child(1) input", "サンプルタスク1");
    await page.type(".todo:nth-child(2) input", "サンプルタスク2");
    expect(await page.screenshot()).toMatchImageSnapshot();
  });

  it("タスクの削除", async () => {
    await page.click("#addTodo");
    await page.click("#addTodo");
    await page.type(".todo:nth-child(1) input", "サンプルタスク1");
    await page.type(".todo:nth-child(2) input", "サンプルタスク2");
    await page.click(".todo:nth-child(1) .delete");
    await page.click(".todo:nth-child(1) .delete");
    expect(await page.screenshot()).toMatchImageSnapshot();
  });
});
```

```
テストの実行
$ npx jest ./spec/visual.spec.js
```

テストが成功するのを確認できたら、スタイルシートの中身を書き換えて実行し、テストが失敗するのも確認してみるとよいでしょう。

スナップショットテスト

E2Eテスト・ビジュアルリグレッションテストに加えて、HTMLベースのスナップショットテストも用意しておきましょう。spec/snapshot.spec.jsというファイルを用意します。

リスト4.7: spec/snapshot.spec.js

```
const path = require("path");

describe("TODOアプリ", () => {
  beforeEach(async () => {
    await page.goto("file://" + path.resolve(__dirname, "../index.html"));
  });
```

```
  it("初期表示", async () => {
    expect(await page.content()).toMatchSnapshot();
  });

  it("タスクの追加", async () => {
    await page.click("#addTodo");
    await page.click("#addTodo");
    expect(await page.content()).toMatchSnapshot();
  });

  it("タスクの入力", async () => {
    await page.click("#addTodo");
    await page.click("#addTodo");
    await page.type(".todo:nth-child(1) input", "サンプルタスク1");
    await page.type(".todo:nth-child(2) input", "サンプルタスク2");
    expect(await page.content()).toMatchSnapshot();
  });

  it("タスクの削除", async () => {
    await page.click("#addTodo");
    await page.click("#addTodo");
    await page.type(".todo:nth-child(1) input", "サンプルタスク1");
    await page.type(".todo:nth-child(2) input", "サンプルタスク2");
    await page.click(".todo:nth-child(1) .delete");
    await page.click(".todo:nth-child(1) .delete");
    expect(await page.content()).toMatchSnapshot();
  });
});
```

npm-scriptsの登録

テストコードは改善作業中に何度も実行することになります。そういったコマンドは**npm-scripts**として登録しておくと便利です。npm-scriptsはpackage.jsonのscriptsに記述します。実践の中でも頻繁にテストコードを実行するので、次の内容で登録しておきましょう。

package.json（scriptsを追加）

```
  ...
  "scripts": {
    "test": "jest spec/e2e.spec.js visual.spec.js",
    "test:all": "jest"
  },
```

・・・

npm-scriptsは、npm run スクリプト名で実行でき、testやstartなど一部のコマンドであればrunを省略できます。なお、今回は基本的なテストコマンドとなるnpm testではHTMLベースのスナップショットテストは除外しています。実践のなかでタグ・属性に大きく変化があるため、常に確認しながら進めていくのはコストが高いためです。実行しても問題はありませんが、どのような差分が出るのか確認することにとどめておき、E2Eテスト・ビジュアルリグレッションテストがパスしていれば--updateSnapshotでスナップショットを更新してしまってかまいません。

```
E2Eテストとビジュアルリグレッションテストを実行
$ npm test

HTMLベースのスナップショットテストを含むすべてのテストを実行
$ npm run test:all
```

なお、npm-scripts実行時にオプションを渡したい場合は、--を間に入れます。忘れがちなので注意しておくとよいでしょう。

```
監視状態でテストを実行する
$ npx jest --watch
npm-scripts経由で監視状態でテストを実行する
$ npm test -- --watch
$ npm run test:all -- --watch
```

テストコードの準備完了

最後にテストコードをすべて実行しパスするのを確認します。画像とHTMLのスナップショットが生成されるので、バージョン管理ソフトを使っている場合はコミットしておくとよいでしょう。

```
$ npm run test:all
```

お疲れ様でした！これでサンプルTODOアプリケーションのテストコードが準備できました。次章以降では、実際のTODOアプリケーション本体側のコードを修正します。定期的にテストコードを実行し、安全な道を通っていることを確認しながら進めていきましょう。

第5章　ESLint/Prettier

5.1　コードの記法による潜在的なリスク

フロントエンドのコーディングにおいて、一般的に推奨されていない、あるいはリスクが高い記法が存在します。また、記法だけでなく「読みづらい」と思われるようなコードも忌避されます。たとえば、次のようなコードが考えられるでしょう。

推奨されない、またはリスクの高い記法の例

```
// == による比較
if (foo == bar) {
  func();
}

// breakのないswitch
switch (val) {
  case 1:
    funcFoo();
  case 2:
    funcBar();
}

// 変数の再定義
var a = 100;
var a = 200;
var a = 300;

// スペースやインデントがバラバラ
if(a === 1){
  if(b===2){ funcA(); }
 else {
  funcB();
 }}

// セミコロンがあったりなかったり
var baz = function(bar) {
  var foo = 123;
  if (foo === bar) {
    foo = bar
```

```
  }
  return foo
};
```

これらは直接バグ・不具合を発生させるわけではありませんが、変更時に「えっ、こんな動きするの！？」という想定しない動作に繋がったり、コードの理解が困難となることで、変更コストそのものが増大します。理解できないものに手を加えるのは恐ろしく、改善のための大きな心理的障壁になってしまうのです。

5.2 人の手によるチェックの限界

これらに対処するため古くから行われている方法としては、「自分たちのプロダクトでは◯◯という記法を使います！」という、ドキュメント（＝コーディングルール）を整備したうえでの周知・徹底です。しかし、人の手ですべてチェックしようとすると多くの問題にぶつかります。

見落とす

人はミスをするものです。

コーディングルールを定めて「ブラケットの後ろはスペースを入れましょう！」と周知しても、全部のブラケットを目視でチェックするのは現実的ではないでしょう。ルールを定めた人自身が書いたコードで見落とすことも簡単に起こりえます。

人によって好みが出る

コードの書き方には人によってクセや好みがあります。

たとえば、if文の後ろにあるブラケットの手前で改行する/しないなどが挙げられるでしょう。どちらが正しいというものではありませんが、クセや好みは無意識のうちにコードに残ってしまうことがあり、結果として全体を見たときにコードの書き方にバラつきが出てきます。

指摘する・されることの心理的な負担

レビュープロセスを設けると、コーディングルールにマッチしないコードは都度指摘・修正することになるでしょう。

しかし、コーディングルールに関する指摘は多くなりがちで、かつ先に述べたとおり見落とし・好みの問題から、何度も似たような指摘が発生します。これを続けていると、指摘する側は「なんども同じようなことを指摘してうんざりだ〜！」と思ってしまい、指摘される側も「書き方だけじゃなくて本質的なチェックをもっとしてほしい〜！」と感じます。これは互いに心理的な負担が大きく、指摘そのものを憂鬱に感じてしまい、最悪のケースとしては最終的にコーディングルールが無視されるようになっていくでしょう。

解決策→機械にやらせよう！

先に述べた問題の根本原因は、人の手が介入していることにあります。そこで、チェックや整形を機械的に行うことで、継続的にミスのない運用ができます。

5.3 ESLint

ESLintはいわゆるLintツールで、コードを静的に検査して潜在的にバグにつながるような好ましくない記述を指摘したり、ルールに沿わない記法を検知するだけでなく、可能なものは自動で修正するといったことが可能です。

- https://eslint.org/

ESLintの導入

ESLint自体の導入は簡単で、`eslint`パッケージを導入すれば完了です。

```
$ npm install -D eslint
```

しかし、デフォルトでは一切のチェックが行われません。ためしに適当なjsファイルを用意して実行してみると、設定が見つからない旨のメッセージが表示されます。

```
$ npx eslint sample.js
```

図5.1: ESLintで設定が見つからない場合

```
eslint_sample git:(master) ✗ npx eslint sample.js
No ESLint configuration found.
```

ESLintは多数のチェックルールを保持しており、それらを個別に有効化することでカスタマイズできます。デフォルトで利用可能な全ルールは公式ドキュメント[1]で確認できます。

設定は`.eslintrc`というファイルに記述します。

.eslintrcのサンプル

```
{
  "rules": {
    "semi": "error"
  }
```

1.https://eslint.org/docs/rules/

```
}
```

次のようなファイルを用意してESLintを実行してみると、セミコロンがない旨を検知して指摘されるのを確認できます。

nosemi.js

```
var a = 100;
var b = 200
var c = 300;
```

```
$ npx eslint nosemi.js
```

図5.2: ESLintでルール違反を検知した例

```
eslint_sample git:(master) ✗ npx eslint nosemi.js

/Users/mugi/src/github.com/mugi-uno/legacy-frontend-kaizen/eslint_sample/nosemi.js
  2:12  error  Missing semicolon  semi

✖ 1 problem (1 error, 0 warnings)
  1 error and 0 warnings potentially fixable with the `--fix` option.
```

公開されているESLint設定を流用する

引き続きルールをひとつずつ有効化して好みの形にしていってもよいですが、ESLintがデフォルトで利用可能なルールの数はとても多く、すべての有効・無効を自分で判断するのは大変です。また、ESLintのバージョンアップに伴いルールがDeprecated（非推奨）となることも考えられるため、メンテナンスしていくコストも発生します。

そこで、まずは一般的に広く利用されているESLint設定を参考にするのをオススメします。企業やOSSコミュニティーで利用されているESLint設定にはGitHubなどで公開されているものがあり、これを流用することにより、わずかな設定でひととおりのチェックが可能となります。その後、チームの好みにあわせて個々のルールを調整していくことで、小さいコストかつ手早い導入が可能となるでしょう。利用されることの多いESLint設定をいくつかご紹介します。

eslint-config-airbnb

- https://github.com/airbnb/javascript

Airbnb社がOSSとして提供しているJavaScriptのコーディングルールです。2019年夏時点でGitHubのスター数は80,000を超えており、幅広く利用されています。パッケージを追加し、`.eslintrc`

を書き換えるだけで利用可能です。

```
$ npm install -D eslint-config-airbnb-base
$ npm install -D eslint-plugin-import
```

eslint-config-airbnb利用時の.eslintrc

```
{
  "extends": "airbnb-base"
}
```

eslint-config-standard

- https://github.com/standard/eslint-config-standard

こちらも幅広く利用されているESLint設定です。standardJSというJavaScriptのESLintに近いことが可能なツールが存在し、そこで適用されているルールをESLintで実現可能にしたものです。セミコロン無し・文字列はシングルクォートで統一、などが特徴的です。`eslint-config-airbnb`と同様、簡単に利用可能です。

```
$ npm install -D eslint-config-standard
$ npm install -D eslint-plugin-standard
$ npm install -D eslint-plugin-promise
$ npm install -D eslint-plugin-import
$ npm install -D eslint-plugin-node
```

eslint-config-standard利用時の.eslintrc

```
{
  "extends": "standard"
}
```

eslint:recommended

- https://eslint.org/docs/rules/

ESLint自体が保持している推奨設定を利用することも可能です。こちらは特別なパッケージは必要なく、`.eslintrc`を書き換えるだけで利用可能です。

eslint:recommended 利用時の.eslintrc

```
{
  "extends": "eslint:recommended"
}
```

どのESLint設定が一番いい？

実際にどのESLint設定を利用するかを決めるための判断基準ですが、基本的にはチームや導入する人の好みによるところが大きいでしょう。

ひとつの指針としては、期待結果が現在のコードと似ているものから始めるとよいかもしれません。あまりにも現在のコードとかけ離れた設定の場合、修正や人が慣れていくためのコストが大きくなります。まずはいくつかのESLint設定をためしに適用してみて、チームで相談しつつ、違和感がなく好みに合うものを選択していくとよいでしょう。

ESLintを少しずつ適用する

「採用するESLint設定が決まったし、これで綺麗なコードが手に入るぞ～！」と言いたくなりますが、おそらくレガシーコードに対して完全な設定のESLintを通すと尋常ではない量の指摘を受けます。

図 5.3: ESLint で大量の指摘を受けた例

```
  4:18  warning  Unexpected unnamed function                                      func-names
  4:37  error    Block must not be padded by blank lines                          padded-blocks
  8:26  error    Trailing spaces not allowed                                      no-trailing-spaces
 11:29  error    'path' is already declared in the upper scope                    no-shadow
 13:7   warning  Unexpected console statement                                     no-console
 15:6   error    Unnecessary semicolon                                            no-extra-semi
 17:5   warning  Unexpected console statement                                     no-console
 21:7   error    Expected space(s) after "catch"                                  keyword-spacing
 22:7   warning  Unexpected console statement                                     no-console
 23:15  error    Trailing spaces not allowed                                      no-trailing-spaces
 29:28  error    Trailing spaces not allowed                                      no-trailing-spaces
 30:35  error    Trailing spaces not allowed                                      no-trailing-spaces
 31:31  error    Trailing spaces not allowed                                      no-trailing-spaces
 34:9   error    'output' is never reassigned. Use 'const' instead                prefer-const
 36:5   error    Expected space(s) after "if"                                     keyword-spacing
 36:8   error    'isServiceWorkerFile' was used before it was defined             no-use-before-define
 40:18  error    Trailing spaces not allowed                                      no-trailing-spaces
 40:18  error    There should be no line break before or after '='                operator-linebreak
 41:7   error    Do not nest ternary expressions                                  no-nested-ternary
 41:59  error    Trailing spaces not allowed                                      no-trailing-spaces
 41:59  error    ':' should be placed at the beginning of the line                operator-linebreak
 42:1   error    Expected indentation of 8 spaces but found 6                     indent
 42:78  error    Trailing spaces not allowed                                      no-trailing-spaces
 42:78  error    ':' should be placed at the beginning of the line                operator-linebreak
 43:1   error    Expected indentation of 10 spaces but found 6                    indent
 44:5   error    Expected space(s) after "if"                                     keyword-spacing
 45:7   error    Assignment to property of function parameter 'manifestValue'     no-param-reassign
 46:7   warning  Unexpected console statement                                     no-console
 48:33  warning  Unexpected unnamed function                                      func-names
 48:33  error    Unexpected function expression                                   prefer-arrow-callback
 48:43  error    'bundle' is already declared in the upper scope                  no-shadow
 51:4   error    Missing semicolon                                                semi
 54:5   error    Expected an assignment or function call and instead saw an expression  no-unused-expressions
 55:37  error    'entryPointHandler' was used before it was defined               no-use-before-define
 56:9   error    'entryPointHandler' was used before it was defined               no-use-before-define
 61:11  error    Use object destructuring                                         prefer-destructuring
 64:29  error    Missing semicolon                                                semi
 66:5   warning  Unexpected console statement                                     no-console
 68:5   warning  Unexpected console statement                                     no-console
 71:76  error    Missing semicolon                                                semi
 77:41  error    Strings must use singlequote                                     quotes
 77:62  error    Strings must use singlequote                                     quotes
 77:82  error    Strings must use singlequote                                     quotes
 80:67  error    Trailing spaces not allowed                                      no-trailing-spaces
 80:67  error    Missing semicolon                                                semi
```

ESLintの指摘はひとつひとつで見ると些細なものがほとんどですが、すべてを一気に対応すると積み上がって巨大な修正となり、挙動に影響を及ぼしていないかの不安も大きくなります。そこで、ESLintを徐々に有効化していくことで安全に進めていきましょう。

一度すべて無効にして1ルールずつ有効化する

徐々に適用していく方法ですが、まずは指摘を受けた設定をすべて無効にしてしまいましょう。ルール名をすべて抽出して、`.eslintrc`上でoff指定をすれば無効化できます。

.eslintrc でルールを無効化した例

```
{
  "extends": "airbnb-base",
  "rules": {
    "func-names": "off",
    "indent": "off",
    "keyword-spacing": "off",
```

```
    "no-console": "off",
    "no-extra-semi": "off",
    "no-nested-ternary": "off",
    "no-param-reassign": "off",
    "no-shadow": "off",
    "no-trailing-spaces": "off",
    "no-unused-expressions": "off",
    "no-use-before-define": "off",
    "operator-linebreak": "off",
    "padded-blocks": "off",
    "prefer-arrow-callback": "off",
    "prefer-const": "off",
    "prefer-destructuring": "off",
    "quotes": "off",
    "semi": "off"
  }
}
```

そして、ひとつずつ`.eslintrc`から削除していくことで、徐々に有効なルールを広げていくことができ、すべてのoff指定が削除できればESLint適用完了となります。

--fixオプションが機能するものから対応していく

ESLintには`--fix`というオプションがあり、一部ルールについては自動でコードを修正してくれます。公式ドキュメントのレンチマークが付与されているものが対象です。

図 5.4: --fix で自動修正可能なルール

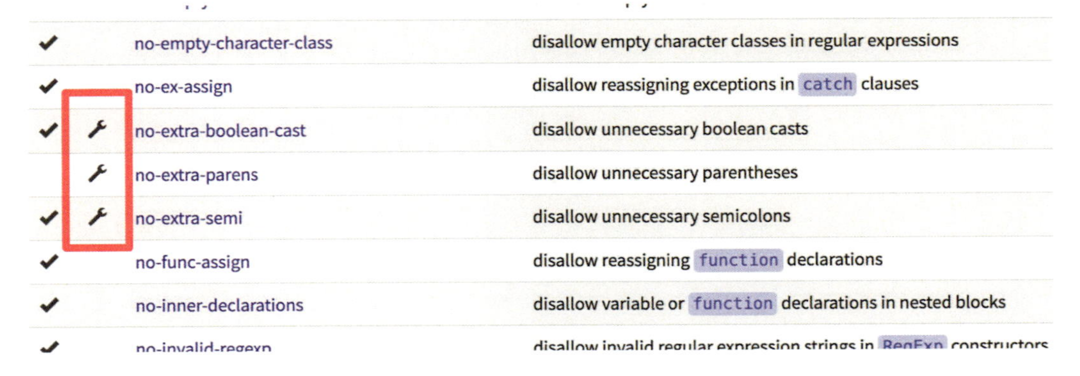

✔		no-empty-character-class	disallow empty character classes in regular expressions
✔		no-ex-assign	disallow reassigning exceptions in `catch` clauses
✔	🔧	no-extra-boolean-cast	disallow unnecessary boolean casts
	🔧	no-extra-parens	disallow unnecessary parentheses
✔	🔧	no-extra-semi	disallow unnecessary semicolons
✔		no-func-assign	disallow reassigning `function` declarations
✔		no-inner-declarations	disallow variable or `function` declarations in nested blocks
✔		no-invalid-regexp	disallow invalid regular expression strings in `RegExp` constructors

自動修正可能なルールは、動作上の影響を及ぼすことがないものがほとんどです。まずはこれらから適用していくことで、機械的にざっくりと整えていくことができます。

```
$ npx eslint ./js/**/*.js --fix
```

図5.5: "indent"ルールを--fixオプションで適用した例

```
diff --git a/sample.js b/sample.js
index 54dbdbb..370242e 100644
--- a/sample.js
+++ b/sample.js
@@ -39,8 +39,8 @@ module.exports = function (bundler) {

     const input =
       bundle.entryAsset ? bundle.entryAsset.relativeName :
-      bundle.assets.size ? bundle.assets.values().next().value.relativeName :
-      null;
+        bundle.assets.size ? bundle.assets.values().next().value.relativeName :
+          null;
     if(input && !manifestValue[input]) {
       manifestValue[input] = output;
       console.info(`✓bundle : ${input} => ${output}`);
(END)
```

対応できない箇所

ルール適用時、修正が難しい箇所にぶつかることがあります。筆者の対応時に出会ったものでは、"no-eval"ルール（`eval()`関数の利用禁止）の指摘などがあります。JavaScriptでのコーディングにおいて利用を避けるべきものとしてESLintに指摘を受けているものの、プロダクトに深く根付いており、修正が容易ではないケースです。

こういった場合、修正が大きくなりそうであれば、ひとまず無視するのも手です。

ESLintの指摘を無視する例

```
eval(code); // eslint-disable-line no-eval
```

複数の改善を並行して進めるのではなく、あくまでも「ESLintを全体に適用する」ことに集中したほうがよいです。そのため、ESLintの指摘対応のための修正が大きくなりそうであれば、ひとまず後回しにして無視するのは選択肢として考えてもよいでしょう。

ただ、無視だらけになってしまうと本末転倒ですので、やみくもに無視するのではなく、コストが高いかどうか吟味したうえで判断したほうがよいでしょう。

5.4 Prettier

ESLintは「潜在的に不具合・問題の原因となる点を検査し指摘・修正する」というツールですが、Prettierは「コードフォーマット」の一点のみを提供します。ESLintの`--fix`オプションでもインデントやスペースなどの簡単な整形はできますが、Prettierのほうがより強力に可読性に優れた整形を行うことができ、かつデフォルトの設定でカバーする範囲がとても広いです。ESLintとの使い分けや位置づけで混乱することも多いですが、

- ・コード整形はPrettierを用いて一括で行う
- ・不具合の原因になりそうなコード検査をESLintで行う

という形で併用することで、双方の恩恵を最大に受けることができます。最近ではESLintと一緒にPrettierも導入するケースも増えてきていますので、本書でも紹介します。

Prettierの導入

Prettier単体であれば、パッケージを追加するだけで利用可能となります。

```
$ npm install -D prettier
```

試しに次のようなフォーマットの整っていないファイルを用意してみます。

prettier-sample.js（Prettier実行前）

```
export const foo=(val)=>{
const {a,b,c } = val;
if (a ===c) { if (b ===c)return b };
return b;
}
```

これをPrettierに通すことで、デフォルト設定でフォーマットが実行されます。

```
$ npx prettier prettier-sample.js --write
```

prettier-sample.js（Prettier実行後）

```
export const foo = val => {
  const { a, b, c } = val;
  if (a === c) {
    if (b === c) return b;
  }
  return b;
};
```

なお今回はJavaScriptファイルを用意しましたが、Prettierは多くのファイルタイプをサポートしています。CSSやHTML、JSXなどもフォーマット可能で、特に指定せずとも拡張子から自動判別して整形してくれます。

設定のカスタマイズ

一切設定することなく、いわば「いい感じ」に整形してくれるのがPrettierの魅力のひとつですが、整形結果で好みに合わない部分もあるでしょう。そういった場合、`.prettierrc`ファイルでカスタマイズすることが可能です。たとえば、セミコロン無しとしたい場合には次のように設定します。

.prettierrc

```
{
  "semi": false
}
```

利用可能なオプションは公式ドキュメントで確認できます。

- https://prettier.io/docs/en/configuration.html

ESLintと併用する

ESLintとPrettierを併用する場合、`--fix`で修正される内容などと競合する可能性があります。

これを解決しようと思うと、双方の設定を見直して調整する必要がありますが、`eslint-config-prettier`パッケージを利用しESLint側で適用することで、Prettierと競合するESLintルールを一括で無効化できます。また、`eslint-plugin-prettier`パッケージを利用することで、ESLintで`--fix`を付与した場合にPrettierを実行することができるようになります。

```
$ npm install -D eslint-config-prettier eslint-plugin-prettier
```

パッケージ追加後、`.eslintrc`に設定を追加します。他のESLint設定と併用する場合、Prettierの設定が後ろになるようにしてください。

.eslintrc（Prettierと併用）

```
{
  "extends": [
    "standard",
    "plugin:prettier/recommended"
  ]
}
```

この状態でESLintを実行することで、`--fix`付与時にはPrettierによるフォーマットを実行しつつ、Prettierと競合するコードフォーマット系のLintルール以外を、ESLintで検査することができるようになります。

自動整形によるコードへの影響

ESLintの`--fix`オプションやPrettierによるコードの自動整形を行うと、人の手ではためらうような思い切った修正がされることもありますが、プログラムの挙動に影響を与えることはほぼ無いと思ってよいでしょう。

しかし、たとえばHTMLをPrettierでフォーマットした場合などは、実行時のオプションによってはスペースの数が変化することで見た目に差異が出ることもあり、100%すべてのパターンで影響がないとは断言できません。神経質になりすぎる必要はありませんが、`--fix`での変更差分はきちんと確認しておきましょう。また、E2Eテストやビジュアルリグレッションテストなどで動作が担保されていると、さらに安心して適用していくことができるでしょう。

5.5　実践編：ESLint/Prettier

サンプルTODOアプリにESLint/Prettierを導入してみましょう。ESLint設定はAirbnbルールを利用します。

```
$ npm install -D eslint prettier
$ npm install -D eslint-config-airbnb-base eslint-plugin-import
$ npm install -D eslint-config-prettier eslint-plugin-prettier
```

パッケージの追加が完了したら`.eslintrc`を作成します。

.eslintrc

```
{
  "extends": [
    "airbnb-base",
    "plugin:prettier/recommended"
  ]
}
```

実行時はjQueryファイルやnpmで追加したパッケージまでESLintの対象になってしまうとノイズになります。`.eslintignore`というファイルで無視するファイルを設定できますので、用意しておきましょう。

.eslintignore

```
node_modules/**/*
js/jquery-3.3.1.min.js
```

一度実行してみます。

```
$ npx eslint "**/*.js"
```

一部ルールの無効化

大量のエラーが発生しますが、びっくりする必要はありません。実際に指摘が入っているのは次の内容のみのはずです。

- import/newline-after-import: import前後の空行
- func-names: 無名関数の禁止
- no-undef: 未定義変数の参照
- no-var:varの禁止
- vars-on-top:varの定義場所
- prefer-template:+による文字列の結合
- prettier/prettier: Prettierのデフォルトルールとの差異

このうち、一部は--fixオプションで修正可能ですが、no-var/prefer-templateについては、JavaScriptの仕様であるECMAScriptのバージョンの違いにより、そのままESLintに任せて--fixで修正すると、レガシーブラウザーなどでは動作しなくなる恐れがあります。func-names/vars-on-topは修正することも可能ですが、後の章でTypeScriptやwebpackといったツールを利用し、レガシーブラウザーでも動作可能な形としていきますので、それまでは既存のJavaScriptファイルでは該当ルールをコメントで無効化しておくとよいでしょう。

js/script.js（一部ルールを無効化）

```
/* eslint-disable func-names,no-var,vars-on-top,prefer-template */
function updateAll() {
  var count = $(".todo").length;
  var next = $(".todo input").first();
```

なお、実際にレガシーフロントコードに本格的にESLint/Prettierの導入を実施する場合は、この段階でファイル単位ではなくルール単位で.eslintrcに設定を加え無効化し、1ルールずつ有効化して徐々に対応していくとよいでしょう。

それでは、無効化コメントを追加したら、--fixオプションで修正可能なものはすべて修正してしまいましょう。

```
$ npx eslint "**/*.js" --fix
```

さらに、Airbnbのチェックルールではデフォルトでimport/prefer-default-exportというルールが有効になっています。このルールは、後々モジュールにファイルを分割した際に、単一の要素しかexportしない場合には`export default`形式で書くことを強制するものですが、これにはデメリットもあるため無効化しておきます。

.eslintrc

```
{
  "extends": [
    "airbnb-base",
    "plugin:prettier/recommended"
  ],
  "rules": {
    "import/prefer-default-export": "off"
  }
}
```

グローバル値への対処

グローバル依存している箇所で`no-undef`の指摘のみが残るはずです。これについては`.eslintrc`にグローバル値として定義することで許容できます。

.eslintrc（グローバル値を許容）

```
{
  "extends": [
    "airbnb-base",
    "plugin:prettier/recommended"
  ],
  "rules": {
    "import/prefer-default-export": "off"
  },
  "globals": {
    "$": false,
    "describe": false,
    "beforeEach": false,
    "expect": false,
    "it": false,
    "page": false
  }
}
```

再度ESLintを実行し、指摘がなくなれば完了です。

```
$ npx eslint "**/*.js" --fix
```

ESLint/Prettierの導入完了

最後に、ESLint/Prettierは頻繁に実行するため、テスト同様npm-scriptsに登録しておくとよいでしょう。

package.json

```
...
  "scripts": {
    "test": "jest spec/e2e.spec.js visual.spec.js",
    "test:all": "jest",
    "lint": "eslint '**/*.js'"
  },
...
```

```
$ npm run lint
```

これでESLint/Prettierの導入は完了です。テストコードや、改善の中で新たに追加していくコードについては一定のルールでコードを追加していくのが簡単になりました。なお、これ以降の章の実践編では、ESLint/Prettierの実行に関する説明は省略しています。実行を忘れても特別問題になることはありませんが、時折実行してフォーマットが崩れていないか確認していくとよいでしょう。

第6章　TypeScript

6.1　TypeScript

JavaScriptの標準仕様はECMAScript[1]として定義されています。レガシーフロントエンドで利用されているのは、ECMAScript5以前のバージョンであることが多いでしょう。

しかし、ECMAScript5以前の古いJavaScriptは、言語仕様的に多くの問題を抱えていました。それらを解決するため、ECMAScript2015（またはECMAScript6）以降ではさまざまな仕様が新規策定され、Babel[2]というツールを使うことで実際に現場でも利用可能となりました。

一方、他のアプローチとして「AltJS」と呼ばれる、別言語からJavaScriptに変換することで問題を解決しようという取り組みがあり、その中でも特に注目を集め採用されるケースが増えているのが**TypeScript**です。2017年に開催されたng-conf2017というイベントで、Google社が社内で利用する標準開発言語のひとつとしてTypeScriptを採択したと発表され、話題になりました。昨今のフロントエンド開発においてTypeScriptの存在は無視できないものになっています。

本章では、TypeScriptのメリットや導入方法、そしてレガシーフロントエンドに導入する際のリスクやコツをご紹介します。

6.2　型の恩恵

TypeScriptはその名のとおり、型付けによる静的検査（実行前での検査）を可能とする言語です。たとえば次のようなコードを例に考えると、ECMAScriptでは特に問題とはなりませんが、TypeScriptでは変数の型を自動推論する仕組みがあり、`foo`はnumber型であると推論されるため、文字列（string）型の代入は型不正でエラーとなります。

TypeScriptの自動推論でエラーとなるコード

```
let foo = 123;
foo = "abc"; // TypeError!
```

また、独自で型定義をすることで、たとえばオブジェクトで利用可能なプロパティを制限したりできます。

オブジェクトで利用可能なプロパティを制限する例

```
const func = (param: { foo: string, bar: number }) => {
  // 何らかの処理
};
```

1.http://www.ecma-international.org/publications/standards/Standard.htm

2.https://babeljs.io/

```
func({
  foo: "abc",
  baz: 123 // TypeError!
});
```

静的型付け言語に馴染みがない場合、メリットがピンとこないかもしれません。恩恵を受けられる具体例をひとつ挙げるとすれば、WebAPIの実行などがわかりやすいでしょう。APIの要求するリクエストパラメータとレスポンスを定義しておくことで、プロパティ名やタイプの不正による実行時のエラーを事前に回避できます。

APIのパラメータを型で制御する例

```
type RequestParameter = {
  name: string;
  age: number;
}

const searchAPI = (request: RequestParameter) => {
  // APIを実行
};

const response = searchAPI({
  name: "mugi",
  aeg: 123 // TypeError!
});
```

いわゆる「うっかりミス」による実行時のエラーが回避できるのは勿論ですが、API側の仕様変更でパラメータ・レスポンスが変更になったとしても、型定義を変更することで型エラーになった箇所をすべて直すことで対応が完了します。機能追加・変更やリファクタリング時の既存機能への影響を型が保証してくれるため、大きな変更でも安心して力強く対応していけるようになります。

6.3 TypeScriptかECMAScript（Babel）か

ECMAScript（Babel）のメリットは、JavaScriptの標準仕様であるため、将来的な仕様ブレや利用されなくなるといったリスクが小さいことが挙げられるでしょう。しかし、もし選べる状況にあるのであれば筆者はTypeScriptの採用をオススメします。

TypeScriptはAltJSであるため厳密にはJavaScriptとは違う言語です。しかしJavaScriptのスーパーセットという位置付けであるため、JavaScriptで記述されたコードはTypeScriptとしても有効です。ECMAScriptと比較しても、基本的なシンタックスは同一であり、大きく仕様がかけ離れているわけではありません。そして何よりも、型で守られている開発は非常に心強いものです。フロントエンド開発は動作環境（ブラウザー）が一定でないなど、実行時の予期せぬ動作に出会いやすいものです。型によって実行前の段階でバグ・不具合のリスクを抑えられることで本来行いたい開発に集中できますし、リファクタリングや継続的な改善にも取り組みやすくなるでしょう。

6.4 完全な型定義はとても大変

TypeScriptの大きなメリットは型によるコードの保証ですが、逆に型定義そのものが大きなデメリットにもなる点を知っておいたほうがよいでしょう。コンパイル時にどの程度厳密に型チェックするかは、設定によって大きく変わります。レガシーフロントエンドでよくありそうな次のコードを例として確認してみましょう。

よくありそうなレガシーフロントエンドコード

```
function updateElement(name) {
  window.update(name);
  document.querySelector(".name").innerText = name;
}

$(".form").on("click", function() {
  updateElement("update!");
  this.submit();
});
```

イベントをバインドして関数を実行したり、DOMを書き換えたりしているだけの処理です。このコードをTypeScriptで厳格なチェックを行うと、次のような結果となります。

図6.1: 厳密なチェックを通した場合のエラー例

```
legacy.ts:1:24 - error TS7006: Parameter 'name' implicitly has an 'any' type.

1 function updateElement(name) {
                         ~~~~

legacy.ts:2:10 - error TS2339: Property 'update' does not exist on type 'Window'.

2   window.update(name);
           ~~~~~~

legacy.ts:3:3 - error TS2531: Object is possibly 'null'.

3   document.querySelector('.name').innerText = name;
    ~~~~~~~~~~~~~~~~~~~~~~~~~~~~~~~

legacy.ts:3:35 - error TS2339: Property 'innerText' does not exist on type 'Element'.

3   document.querySelector('.name').innerText = name;
                                    ~~~~~~~~~

legacy.ts:6:1 - error TS2581: Cannot find name '$'. Do you need to install type definitions for jQuery? Try `npm i @types/jquery`.

6 $(".form").on("click", function() {
  ~

legacy.ts:8:3 - error TS2683: 'this' implicitly has type 'any' because it does not have a type annotation.

8   this.submit();
    ~~~~
```

わずか9行ほどのコードですが、6件もの指摘が発生しました。

- updateElement関数のname引数の型が不明
- windowの想定しない関数updateが実行されている
- document.querySelectorの結果がnullの可能性がある
- innerTextプロパティが存在しない可能性がある
- $の型が不明
- thisの型が不明

現実のレガシーコードは型情報のないライブラリーの存在などもあり、スクロールしきれないほど凄まじい件数の指摘を受けることになるでしょう。このように、完全にすべてのコードの型定義を用意するのはとても大変なのです。

最小のコストで最大の恩恵を得る

レガシーフロントエンドにTypeScriptを導入する場合、完璧な型チェックを用意するのは想像よりも遥かにハードルが高いです。型チェックを厳密にすればするほど学習コストも上がり、チームがTypeScriptに慣れないうちはスムーズにコードを書くことができず、かなりのフラストレーションに感じることでしょう。また、レガシーコードから置き換えていくこと自体も難易度が高くなるため、途中で頓挫するリスクがあります。そうならないように、型チェックはかなり緩めの状態で導入することをオススメします。

まずはコードベース全体をTypeScriptでコンパイルが通るようにし、「最低限、自動推論による型チェックだけはできる」という形を目指すとよいでしょう。これによって、かけるコストはできるだけ小さく、かつTypeScriptの恩恵を得られるようになります。

anyと上手に付き合う

TypeScriptにはany型という、いわば「なんでもあり」な型があります。any型の変数にはどのような値でも代入できますし、any型の値はどのような型の変数にも代入できます。たとえば次のようなコードは型チェックによる指摘を受けません。

any型によって型チェックの指摘を受けないコード例

```
let str: string = "abc";
let num: any = 123;
str = num; // OK
num = str; // OK

let obj: { id: number } = { id: 999 };
obj = 123 as any; // OK
```

「6.4 完全な型定義はとても大変」で例にあげたレガシーコードも、any型を使うと指摘をすり抜けることができます。

anyですべての指摘をすり抜けた例

```
function updateElement(name: any) {
  (window as any).update(name);
  (document.querySelector(".name") as any).innerText = name;
}

(window as any).$(".form").on("click", function(this: any) {
  updateElement("update!");
  this.submit();
});
```

とても便利に感じてしまいますが、anyは型というよりも「チェックを無視」という存在に近くなります。TypeScriptを導入した場合の理想形としては、any型は利用しないことが望ましいでしょう。

しかし、レガシーフロントエンドにTypeScriptを導入する際には、その限りではありません。外部ライブラリーや複雑なオブジェクトの構造など、時間や労力のコストがかかりそうな箇所はひとまずany定義とすることで、完璧な型定義を用意するよりも遥かに速く、全体をTypeScriptによる型チェックが通る状態にできます。

部分的にanyを利用していたとしても、ある程度は自動推論によるチェックは得ることができますし、新規作成するコードについては型で守りながら書いていくことができるようになります。とはいえ、全部anyにしてしまってはそれはそれで意味がありませんので、緩くてもいいので何らかの判断基準があったほうがよいでしょう。参考までに、筆者は次のようなポリシーで導入を行いました。

- 最低限、TypeScriptによる自動推論が効いている形を目標にする
- 大前提として可能な限り型を書く
- ただし、どの程度厳密に書くかは個々のエンジニアの裁量に委ねる
- anyは使ってもよい

6.5 TypeScriptのセットアップ

TypeScript単体の導入は、`typescript`パッケージの追加で行います。

```
$ npm install -D typescript
```

その後、TypeScriptのコンパイルに伴う設定を`tsconfig.json`というファイルに定義します。このファイルは手でゼロから作ることもできますが、コンパイラである`tsc`コマンドの`--init`オプションでファイルを作成するとよいでしょう。

```
$ npx tsc --init
message TS6071: Successfully created a tsconfig.json file.
```

--initで生成されるtsconfig.json

作成されたtsconfig.jsonを見ると、多くのコメントアウトされたオプションと共に、いくつかのオプションが有効となっているのがわかります。

tsc（Version 3.4.5）の--initで生成されたtsconfig.json（コメントの一部は省略）

```
{
  "compilerOptions": {
    /* Basic Options */
    "target": "es5",                          /* ~ */
    "module": "commonjs",                     /* ~ */
    // "lib": [],                             /* ~ */
    // "allowJs": true,                       /* ~ */
    // "checkJs": true,                       /* ~ */
    // "jsx": "preserve",                     /* ~ */
    // "declaration": true,                   /* ~ */
    // "declarationMap": true,                /* ~ */
    // "sourceMap": true,                     /* ~ */
    // "outFile": "./",                       /* ~ */
    // "outDir": "./",                        /* ~ */
    // "rootDir": "./",                       /* ~ */
    // "composite": true,                     /* ~ */
    // "incremental": true,                   /* ~ */
    // "tsBuildInfoFile": "./",               /* ~ */
    // "removeComments": true,                /* ~ */
    // "noEmit": true,                        /* ~ */
    // "importHelpers": true,                 /* ~ */
    // "downlevelIteration": true,            /* ~ */
    // "isolatedModules": true,               /* ~ */

    /* Strict Type-Checking Options */
    "strict": true,                           /* ~ */
    // "noImplicitAny": true,                 /* ~ */
    // "strictNullChecks": true,              /* ~ */
    // "strictFunctionTypes": true,           /* ~ */
    // "strictBindCallApply": true,           /* ~ */
    // "strictPropertyInitialization": true,  /* ~ */
    // "noImplicitThis": true,                /* ~ */
```

```
    // "alwaysStrict": true,                      /* ~ */

    /* Additional Checks */
    // "noUnusedLocals": true,                    /* ~ */
    // "noUnusedParameters": true,                /* ~ */
    // "noImplicitReturns": true,                 /* ~ */
    // "noFallthroughCasesInSwitch": true,        /* ~ */

    /* Module Resolution Options */
    // "moduleResolution": "node",                /* ~ */
    // "baseUrl": "./",                           /* ~ */
    // "paths": {},                               /* ~ */
    // "rootDirs": [],                            /* ~ */
    // "typeRoots": [],                           /* ~ */
    // "types": [],                               /* ~ */
    // "allowSyntheticDefaultImports": true,      /* ~ */
    "esModuleInterop": true                       /* ~ */
    // "preserveSymlinks": true,                  /* ~ */

    /* Source Map Options */
    // "sourceRoot": "",                          /* ~ */
    // "mapRoot": "",                             /* ~ */
    // "inlineSourceMap": true,                   /* ~ */
    // "inlineSources": true,                     /* ~ */

    /* Experimental Options */
    // "experimentalDecorators": true,            /* ~ */
    // "emitDecoratorMetadata": true,             /* ~ */
  }
}
```

最初から有効になっているオプションについて解説します。

ビルドターゲットのバージョン互換指定

```
"target": "es5"
```

TypeScriptによってコンパイルした後に生成されるJavaScriptファイルが、どのバージョンに互換を持たせるかを指定します。ブラウザーで実行するスクリプトであれば、基本的に`"es5"`（ECMAScript5）を指定しておけばよいでしょう。

モジュール解決用コードの変換指定

```
"module": "commonjs"
```

TypeScript上でのimport/exportといったモジュール解決用のコードを、どういった形式に変換するかを指定します（モジュール解決については第7章にて別途詳細に解説しています）。"commonjs"を指定した場合にはNode.jsで利用されるrequire/exports形式になりますが、"es2015"を指定した場合にはECMAScriptのimport/export形式となります。最終的な依存関係の解決はwebpackなどのモジュールバンドラと組み合わせることが多いですが、webpackの場合であればどちらの形式でも対応しています。

"commonjs"のままでも問題になることはほぼありませんが、webpackには「Tree Shaking」という、利用されていないimportを削り落とし最終的なファイルサイズを削減する機能があり、このTree Shakingを有効にするためにはECMAScriptのモジュールシステム（import/export）を利用している必要があります。特にデメリットはないため、"es2015"を指定しておいてもよいでしょう。

型チェックを厳密なものとする

```
"strict": "true"
```

厳格な型チェックとするかどうかの設定で、デフォルトでは有効です。レガシーフロントエンドからの移行では厳しすぎる部分があるため、後ほどこれを緩めるための設定をご紹介します。

CommonJS形式モジュールとの互換設定

```
"esModuleInterop": true
```

Node.jsで利用されるCommonJS形式のモジュールとの相互互換のための設定です。レガシーフロントエンドを改善していく流れの中で、モジュールをnpmパッケージに切り替えていくことも多いと思いますので、trueのままにしておくとよいでしょう。

その他の変更したほうがよいオプション

デフォルトの設定のままでもTypeScriptを書きはじめることは可能ですが、チェックがかなり厳格なものとなります。いくつかのオプションを変更してチェックを緩めることで、徐々にかつ確実に移行していく際に助けになります。また、ブラウザー向けにいくつか追加したほうがよい設定も存在しますので、併せて確認してみましょう。

JSファイルを許容する

```
"allowJs": true
```

TypeScriptで記述されたファイルから、JavaScriptファイルのimportを許容します。このオプションを有効化しておくことで、1ファイルずつ徐々にTypeScriptに書き換えていくことができます。

strictを緩める

--initで生成したtsconfig.jsonでは、strictが有効となっています。このオプションが有効な場合、自動的に次のオプションもすべて有効化されます。

- noImplicitAny: 型が不明な場合にエラーとする
- noImplicitThis: 型指定をせずにthisの利用を禁止
- alwaysStrict:"use strict"の状態とする
- strictBindCallApply:bind/call/applyを厳密にチェック
- strictNullChecks:null/undefinedの代入を厳密にチェック
- strictFunctionTypes: 関数の引数型の互換を厳密にチェック
- strictPropertyInitialization: クラスのインスタンスプロパティの初期化を厳密にチェック

この中でも、着実な移行のためにもっとも重要なオプションのひとつが、noImplicitAnyです。このオプションが有効な場合、関数の引数・戻り値・モジュールなどの型が不明な場合はすべてエラーとなります。たとえば、次のコードは関数の引数であるstrの型が不明なのでエラーとなります。

noImplicitAnyが有効な場合にエラーとなるコード

```
function sample(str) {
  return str + 1000;
}
```

しかし、すべてがJavaScriptで記述されたレガシーフロントエンドからTypeScriptへの移行をイメージしてみてください。当たり前ですが、移行前は関数の引数に型は書かれていないはずです。つまり、noImplicitAnyを有効にした状態でコンパイルをパスさせるには、すべての関数の引数に型定義が必要となるのです。TypeScriptの導入そのものを優先するのであれば、noImplicitAnyはひとまず無効（false）とするのを推奨します。無効とした場合、型が不明な場合はany型であると推論されるようになります。

なお、strictと一緒にtsconfig.jsonに記述可能で、その場合はnoImplicitAnyの無効化が優先されます。

strictで有効になるnoImplicitAny以外のオプションをどうするか

先に述べたとおり、strictが有効な場合はnoImplicitAny以外もいくつかのオプションが有効化されます。これらについては、noImplicitAnyほど影響を与えないケースも予想されます。ひとまず有効なままコンパイルしてみて、あまりにもエラーが膨大な量であるなど、短期間での対応が困難と思われた場合には無効化するとよいでしょう。なお、noImplicitAnyを含めたこれらのオプションは、最終的には**すべて有効化**が理想形であることは意識しておきましょう。

ブラウザーが備えるAPIの型定義

```
"lib": ["es2019", "dom", "dom.iterable"]
```

フロントエンドコードでは、ブラウザーが備えるAPIを利用するコードが頻繁に登場します。document.getElementByIdなどのDOM操作用のコードなどが代表的でしょう。こういった、いわゆる「よくある」ものについてはTypeScript自体が型定義を提供してくれており、libに指定することで利用可能です。次のものを指定しておけば大半のケースでは問題ないでしょう。

- es2019:Promiseなどを含むECMAScriptの型定義
- dom: DOM操作型APIに関する型定義
- dom.iterable: DOMのIterable（反復処理）系APIに関する型定義

最終的なtsconfig.jsonのサンプル

tsconfig.jsonをここまでの内容を踏まえて編集すると、レガシーフロントエンド改善という前提では次のような内容になります。

tsconfig.jsonの例

```
{
  "compilerOptions": {
    "target": "es5",
    "module": "commonjs",
    "lib": ["es2019", "dom", "dom.iterable"],
    "allowJs": true,
    "strict": true,
    "noImplicitAny": false,
    "esModuleInterop": true,

    /* 以下は状況によってコメントアウトを解除 */
    // "strictNullChecks": false,
    // "strictFunctionTypes": false,
    // "strictBindCallApply": false,
    // "strictPropertyInitialization": false,
    // "noImplicitThis": false,
    // "alwaysStrict": false
  }
}
```

TypeScript単体で導入する場合には、ここまでに解説した内容に加え、include/excludeによって、どのファイルをTypeScriptのコンパイル対象とする（または除外する）かの設定も必要となります。webpackと組み合わせて利用する場合には、対象ファイルはwebpack側で管理します。このあたりは対象のコードや環境にあわせて適宜変更が必要となるでしょう。

6.6 ライブラリーの型定義

自分たちのコードに加えて「型どうする？」問題にぶつかるのがnpmパッケージなどの外部ライブラリーです。どう対応するか確認していきましょう。

公開されている型定義を利用する

もっとも簡単な方法は、OSSとして公開されている型定義を利用することでしょう。ライブラリー自体が型定義ファイルを含んでいることも多く、その場合には特に何もせずとも自動的に型を利用できます。たとえばVue.jsはライブラリー自体が型定義を提供しているため、npm経由で参照している限りはすぐに型を利用することができます。

図6.2: Vue.jsの型定義をVisual Studio Codeで利用する例

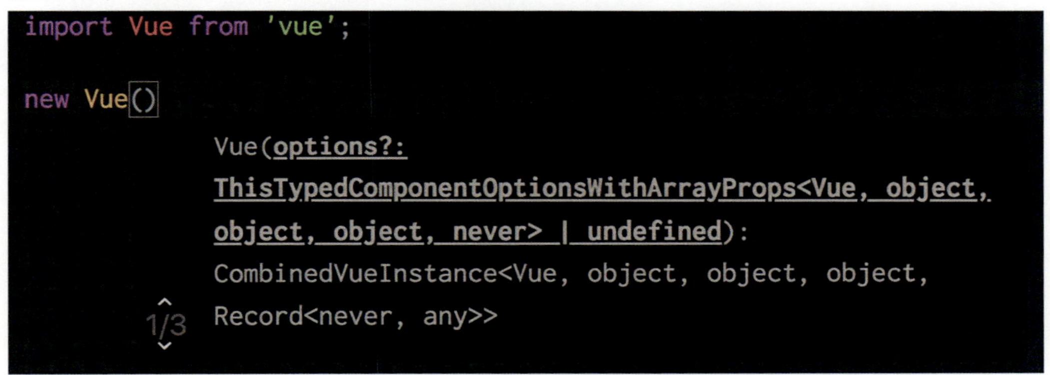

しかし、ライブラリー自体が型定義を持っていないケースも少なくありません。そういった場合でも、**DefinitelyTyped**と呼ばれる、主に有志によってメンテナンスされている型定義専用のライブラリーが存在します。

- http://definitelytyped.org/

提供されているパッケージは次のURLで検索することができます。

- https://microsoft.github.io/TypeSearch/

レガシーフロントエンドからの改善の中で`DefinitelyTyped`を利用することが多いものとしては、jQueryが挙げられます。`@types/xxx`（xxxはパッケージ名）を依存に追加することで利用可能で、jQueryのDefinitelyTypedの型定義の場合は次の形となります。

```
$ npm install -D @types/jquery
```

図6.3: jQueryの型定義をVisual Studio Codeで利用する例

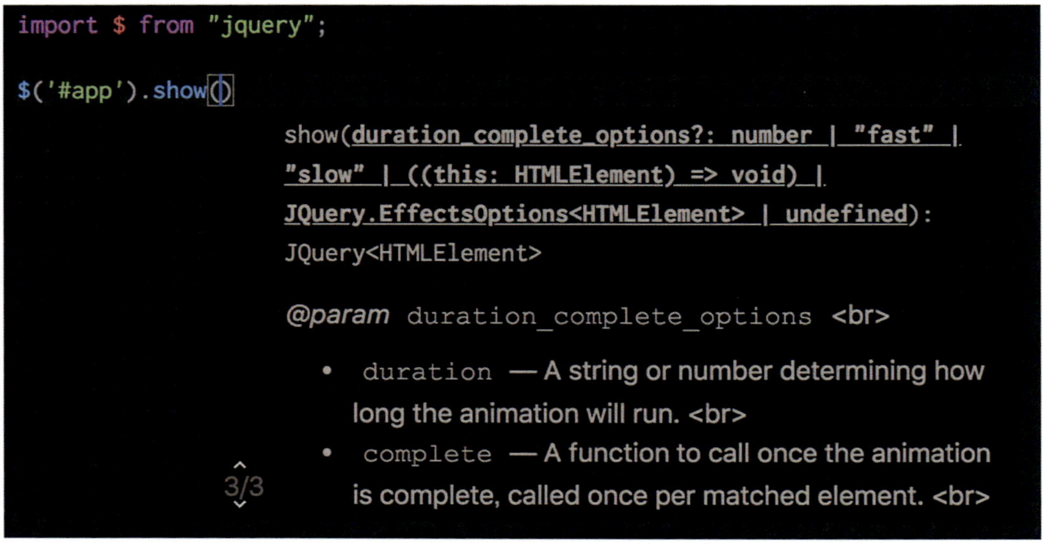

```
import $ from "jquery";

$('#app').show()
              show(duration_complete_options?: number | "fast" |
              "slow" | ((this: HTMLElement) => void) |
              JQuery.EffectsOptions<HTMLElement> | undefined):
              JQuery<HTMLElement>

              @param duration_complete_options <br>

                • duration — A string or number determining how
                  long the animation will run. <br>
                • complete — A function to call once the animation
         3/3      is complete, called once per matched element. <br>
```

なお、DefinitelyTypedは有志によるメンテナンスのため、バージョンが少し古かったり内容に不足がある可能性がある点は注意しておきましょう。

独自で型定義を用意する

パッケージが型定義を含まず、かつDefinitelyTypedでも提供がない可能性もあります。それでも型を利用したい場合は、**アンビエント宣言**と呼ばれる型定義ファイルを独自で用意することができます。

- https://www.typescriptlang.org/docs/handbook/modules.html#ambient-modules

たとえば次のようなコードを例に考えてみましょう。

型定義のないライブラリーを利用するコード例

```
import mylib from "mylib";

mylib.myfunc(123);
```

このままではライブラリーである`"mylib"`で型情報は利用できません。そこで、新たに`@types/mylib.d.ts`というファイルを用意します。

@types/mylib.d.ts

```
declare module "mylib" {
  export function myfunc(num: number): string;
}
```

すると、元のコードではこの型定義を利用できるようになります。

図6.4: 独自の型定義をVisual Studio Codeで利用する例

```
import mylib from "mylib";

mylib.
      myfunc                          function myfunc(num: number): string  ×
```

利用しているメソッドが限定的であったり、自分たちが作成したライブラリーの場合などにはアンビエント宣言による型定義の作成を検討してもよいでしょう。一方、巨大なライブラリーなどの場合では、独自の型定義を用意するのは非常にハードルが高くなります。その場合は無理して型定義を用意するより、次のセクションでも説明しますが、`noImplicitAny`による自動推論でanyであると判断されることを利用し、ひとまず諦めることも選択肢として考えてもよいでしょう。

基本的にはanyで推論されるが...？

設定時において、レガシーフロントエンドからの改善時は`noImplicitAny`の無効化を推奨しましたが、実はその場合、型が不明なライブラリーについてもすべてany型であると推論されます。そのため厳密には、`noImplicitAny`が無効である間、パッケージの型定義は一切無くても対応を進めていくことは可能です。しかし、型がないとせっかくのTypeScriptの恩恵も薄れてしまいます。型があればライブラリーが提供するAPIを利用する際の名称・引数・戻り値が正しいことを保証することができますし、また、Visual Studio Codeなどのエディターであれば、型定義を利用して強力な補完を利用することができます。

ライブラリーの型定義を独自ですべて書き足すのは非常に困難ですが、すでに公開されている型定義を導入するだけであればそれほどコストではありません。無理をする必要はありませんが、できる範囲で型定義を利用するように心がけていきましょう。

6.7 グローバルの値の型定義

レガシーフロントエンドコードでは、グローバルの値・関数の依存に遭遇することもあります。次のようなコードが挙げられます。

グローバル依存している例

```
export function func(str: string): number {
  // グローバルに定義されているglobalMyFuncとglobalMyVar
  return globalMyFunc(str, globalMyVar);
```

```
}
```

メンテナンス性などを考えると、グローバル依存が無い形に書き換えることが理想ですが、簡単にはいかないことも多いです。そういった場合もアンビエント宣言で独自定義することができます。`@types/global.d.ts`というファイルを用意し次のように定義すると、型を解決できます。

@types/global.d.ts

```
declare var globalMyVar: string;
declare function globalMyFunc(num: number, str: string): number;
```

図6.5: global依存の型定義をVisual Studio Codeで利用する例

```
export fu function globalMyFunc(num: number, str: string): number
  return globalMyFunc(num, globalMyVar);
}
```

また、ブラウザーで実行するコードでは、グローバル依存は暗黙的に`window`オブジェクトに定義されているケースが大半なので、呼び出し自体を`window`経由に変更し、かつ`window`の型を拡張することでも対応できます。`window`は、`tsconfig.json`の`lib`に`"dom"`を含む場合は`Window`というinterfaceで定義されています。TypeScriptでは同名のinterfaceを定義した場合は内容がマージされるため、必要なものだけ任意に拡張することができます。`@types/window.d.ts`というファイルを用意し、次のように定義します。

@types/window.d.ts

```
declare interface Window {
  globalMyVar: string;
  globalMyFunc(num: number, str: string): number;
}
```

そしてグローバル関数・値の参照を`window.xxx`の形式に変更すると、定義した型を利用できます。

図6.6: Windowの型定義をVisual Studio Codeで利用する例

```
export function  (method) Window.globalMyFunc(num: number, str: string): number
  return window.globalMyFunc(num, window.globalMyVar);
}
```

6.8 TypeScript ESLint

JavaScriptで書かれたコード同様、TypeScriptもLintツールの恩恵を受けることができます。

ESLintとTSLint

TypeScriptでLintによるコード検査を行う場合、TypeScript ESLintを利用します。

- https://github.com/typescript-eslint/typescript-eslint

TypeScript ESLintは、ESLintを拡張する形で動作します。なお、Webなどで調べると「TSLint[3]」に関する情報が見つかることがありますが、これはTypeScript ESLintとは異なるものです。TSLintは公式でDeprecated（非推奨）かつTypeScript ESLintの利用を推奨としており、TypeScript自体の開発チームもTypeScript ESLintを支持しています。特別な理由がないかぎりはTypeScript ESLintを利用するとよいでしょう。

typescript-eslintの追加と設定

TypeScript ESLintを利用するには次のパッケージを追加します。

```
$ npm install -D @typescript-eslint/eslint-plugin @typescript-eslint/parser
```

追加後、`.eslintrc`にparserとpluginの設定を追加します。

airbnbルールと同時にTypeScript ESLintを有効化する例

```
{
  "extends": "airbnb-base",
  "parser": "@typescript-eslint/parser",
  "plugins": ["@typescript-eslint"]
}
```

これだけでTypeScript ESLintが有効化されます。例として、次のような内容で`typescript-eslint-sample.ts`というファイルを用意してみます。

typescript-eslint-sample.ts

```
export default function (str1: string, str2: string) {
  return str1 + str2
}
```

このファイルにAirbnbルールでeslintを実行した場合、`.eslintrc`の変更前は型定義の部分を正常に解釈できずに「:」の箇所で指摘を受けてしまいますが、`.eslintrc`の変更後では正しくESLintによる指摘を受けることを確認できます。

3.https://palantir.github.io/tslint/

図6.7: TypeScript ESLint設定前

```
/Users/mugi/src/github.com/mugi-uno/legacy-frontend-kaizen/ts_sample/typescript-lint-sample.ts
  1:30  error  Parsing error: Unexpected token :

✖ 1 problem (1 error, 0 warnings)
```

図6.8: TypeScript ESLint設定後

```
/Users/mugi/src/github.com/mugi-uno/legacy-frontend-kaizen/ts_sample/typescript-lint-sample.ts
  2:21  error  Missing semicolon  semi

✖ 1 problem (1 error, 0 warnings)
  1 error and 0 warnings potentially fixable with the `--fix` option.
```

なお、TypeScript ESLintには、TypeScript固有に利用できるLintルールが含まれており、こちらも`.eslintrc`に追加することで有効化することができます。しかしこのルールを有効化すると、デフォルトではanyの利用自体が禁止されるなど、かなり厳しめに指摘を受けることになります。利用する際は、一時的に該当ルールを無効化するなどの工夫が必要になるでしょう。

TypeScript用のLintルールも有効化し一部ルールを無効化する例

```
{
  "extends": [
    "plugin:@typescript-eslint/recommended",
    "airbnb-base"
  ],
  "parser": "@typescript-eslint/parser",
  "plugins": ["@typescript-eslint"],
  "rules": {
    "@typescript-eslint/indent": "off",
    "@typescript-eslint/no-explicit-any": "off",
    "@typescript-eslint/explicit-function-return-type": "off"
  }
}
```

6.9 実践編：TypeScript

それでは、サンプルTODOアプリにTypeScriptを導入してみましょう！

テストコードをTypeScript化

もしテストコードが存在するのであれば、そこからTypeScriptにしていくとよいでしょう。テストコードであれば直接アプリケーションの挙動に影響を与える心配もなく、TypeScriptを書く作業に徐々に慣れていくことができます。まずはTypeScriptのセットアップを行いましょう。

```
$ npm install -D typescript
$ npx tsc --init
```

tsconfig.jsonを次の内容に書き換えます。

tsconfig.json

```
{
  "compilerOptions": {
    "target": "es5",
    "module": "commonjs",
    "lib": ["es2019", "dom", "dom.iterable"],
    "allowJs": true,
    "strict": true,
    "noImplicitAny": false,
    "esModuleInterop": true
  }
}
```

さて、テストコードはJestを利用していますが、Jest自体はNode.js環境で動作するため、TypeScriptで書かれたコードを直接実行することはできません。Jestはtransformというオプションを利用することで、テスト実行時に任意のプラグインでJavaScriptへの変換が可能です。TypeScriptへの変換にはts-jestを利用します。

・https://github.com/kulshekhar/ts-jest

```
$ npm install -D ts-jest
```

jest.config.jsにts-jest用の設定を追加します。

jest.config.js

```
module.exports = {
  preset: "jest-puppeteer",
  transform: {
    "^.+\\.tsx?$": "ts-jest"
  },
  moduleFileExtensions: ["ts", "js"]
};
```

テストファイルをすべて".ts"にリネームします。

・e2e.spec.js→e2e.spec.ts

・visual.spec.js→visual.spec.ts

・snapshot.spec.js→snapshot.spec.ts

そしてファイル先頭部のモジュール解決の方法を変更しておきます。

e2e.spec.ts

```
import path from "path";

...
```

visual.spec.ts

```
import path from "path";
import { toMatchImageSnapshot } from "jest-image-snapshot";

...
```

snapshot.spec.ts

```
import path from "path";

...
```

テスト用のnpm-scriptsも".js"ファイルを対象としているので、".ts"に修正しましょう。

package.json

```
"scripts": {
  "test": "jest spec/e2e.spec.ts visual.spec.ts",
  "test:all": "jest",
  "lint": "eslint '**/*.js'"
},
```

そしてテストを実行してみます。

```
$ npm run test:all
```

大量にTypeScriptの型チェックエラーが発生すれば成功です。このままではrequire/describe/pageといった、Node.js・Jest・Puppeteerに関する型定義が不明なためエラーとなります。DefinitelyTypedの型定義を利用して解決しましょう。

```
$ npm install -D @types/node @types/jest
$ npm install -D @types/expect-puppeteer @types/jest-environment-puppeteer
$ npm install -D @types/jest-image-snapshot
```

さて、これでテストが通るはずです。`--updateSnapshot`を付与してスナップショットをすべて更新してしまってもよいのですが、TypeScript化した前後で差異がないことを確認するために、JavaScriptのときに出力したスナップショットファイルをリネームしてみましょう。

- `spec/__image_snapshots__/visual-spec-js-`（テスト名）`.png`
- `spec/__snapshots__/snapshot.spec.js.snap`

次のように、**js**の箇所を**ts**にリネームします。

- `spec/__image_snapshots__/visual-spec-ts-`（テスト名）`.png`
- `spec/__snapshots__/snapshot.spec.ts.snap`

この状態でテストを実行し成功すればテストコードのTypeScript化は完了です。

```
$ npm run test:all
```

TODOアプリ本体のコードをTypeScript化

次はTODOアプリケーション本体のJavaScriptファイルをTypeScript化していきましょう。ファイルを`.ts`にリネームします。

- `js/script.js`→`js/script.ts`

tscコマンドでコンパイルしてみましょう。

```
$ npx tsc ./js/script.ts
```

jQueryで利用している`$`で型チェックエラーが発生するはずです。DefinitelyTypedを追加しましょう。

```
$ npm install -D @types/jquery
```

再度tscコマンドを実行するとエラーが発生せず、変換された`js/script.js`が出力されます。あ

わせて、出力されたJavaScriptファイルを利用してテストコードがパスすることを確認しておきましょう

```
$ npx tsc ./js/script.ts
$ npm run test:all
```

この状態でテストが通ることを確認しておきましょう。

TypeScript ESLintの追加

ひととおりのコードがTypeScriptになったので、ESLintも動作するように設定を見直しましょう。TypeScript ESLintを導入します。

```
$ npm install -D @typescript-eslint/eslint-plugin @typescript-eslint/parser
```

`.eslintrc`を編集します。`settings`の項目は、import時に.tsを省略する場合に必要です。次章以降でモジュール化を進める際に必要となりますので、併せて追加しています。

.eslintrc

```
{
  "extends": [
    "airbnb-base",
    "plugin:prettier/recommended"
  ],
  "parser": "@typescript-eslint/parser",
  "plugins": ["@typescript-eslint"],
  "settings": {
    "import/resolver": {
      "node": {
        "extensions": [".js", ".ts"]
      }
    }
  },
  "rules": {
    "import/prefer-default-export": "off"
  },
  "globals": {
    "$": false,
    "describe": false,
    "beforeEach": false,
    "expect": false,
```

```
    "it": false,
    "page": false
  }
}
```

package.jsonを修正し、ESLint用のnpm-scriptsの対象をTypeScriptファイルとします。

package.json

```
...
"scripts": {
  "test": "jest spec/e2e.spec.ts visual.spec.ts",
  "test:all": "jest",
  "lint": "eslint '**/*.ts'"
},
...
```

ESLintを実行してみてエラーが発生しなければOKです。成功した場合、一度js/script.tsに適当なスペースや改行を入れて再実行してみて、ESLintが適切に指摘してくれることも確認しておくと安心できます。

```
$ npm run lint
```

TypeScript化の完了

おつかれさまでした！テストコードも含めTypeScriptへの変換が完了し、ESLintによる検査も可能な状態となりました。次章以降はさらに踏み込んでコードを改善していきますが、すべてTypeScriptを利用していきます。少しずつ慣れていきましょう！

第7章　モジュール分割

7.1　小さく切り出す

ここまでの内容で、既存コードの構造を理解し、テストコードを用意することで修正前後でのユーザー体験を保証し、かつESLintやTypeScriptによってコードを静的検査して守ることができるようになりました。次は、Vue.jsやReactといったフレームワークを導入する前に、ベースとなるリファクタリングをする必要がないかを検討しましょう。

改善は「小さく進める」ことが重要であり、レガシーコードの時点であらかじめ小さく切り出せる形に整理する必要があります。たとえるならば、部屋の模様替えをしようと思ったときには、まず散らかった部屋を片付けたほうがよいですよね。散らかったままだと、床に落ちていたペンを踏みつけてケガをするかもしれません（痛い！）。

コードの改善作業も同じです。まずはざっくりと整理して見通しのよい形にするのが、大きい改善作業をスムーズに進めるためのコツです。

7.2　モジュール管理とモジュールバンドラ

小さく切り出すためには、モジュール管理を採用するのがよいでしょう。昨今のフロントエンドにおいて、モジュール管理は当然のように行われています。手法はいくつか存在し、次のものが特に多く利用されています。

- CommonJS : require/module.exports
- ECMAScript2015 : import/export

しかし、レガシーなJavaScriptでは言語仕様の面でそもそもモジュールの概念自体が存在しないため、これらは動作する環境に制約があります。そこで、モジュール管理を利用しているコード間の依存関係を適切に解決し、レガシーなブラウザーなどでも動作するようにしてくれるのがモジュールバンドラです。有名なモジュールバンドラとしては次のようなものが挙げられます。

- webpack : https://webpack.js.org/
- Parcel : https://parceljs.org/
- Rollup : https://rollupjs.org/
- Browserify : http://browserify.org/

TypeScriptとモジュール管理

TypeScriptでは、import/exportを書くことができます。しかし、型の解決・import/export以外のモジュール管理記法への変換は可能ですが、単体でレガシーブラウザーで実行可能な形式への変換はサポートしていません。そのため実際に業務で利用する際には、モジュールバンドラと組み合わせて利用するのが一般的です。

本書では、すでに広く利用されている実績があることと、Vue.jsなどのフロントエンドフレームワークと組み合わせる際にも利用することから、webpackを利用したモジュール管理を紹介します。なお、webpackはモジュールバンドル以外にも、画像の変換やファイルのminify（圧縮・難読化）など多岐にわたる用途に利用されています。本書では、TypeScriptやVue.jsと同時に利用する方法などに絞って解説します。その他のオプションを知りたい場合は、公式ドキュメントを参考にしてください。

・https://webpack.js.org/concepts

7.3 webpackのインストールと設定

次のようなTypeScriptコードを、webpackを利用してモジュール単位に切り出す例を見てみましょう。

sample.ts - モジュール管理されていないTypeScriptコード

```
function fullName(firstName: string, lastName: string) {
  return firstName + lastName;
}

function update() {
  var firstName: string = $(".firstName").text();
  var lastName: string = $(".lastName").text();
  $(".fullName").text(fullName(firstName, lastName));
}

$(".button").on("click", function() {
  update();
});
```

webpackを使うため、まずはパッケージを追加します。

```
$ npm install -D webpack webpack-cli ts-loader
```

webpackのバージョン4以降では、設定なしでもデフォルトの設定である程度動作してくれるようになりました。しかし、現実にはさまざまなライブラリー・フレームワークと組み合わせるために設定ファイルが必要になります。設定は`webpack.config.js`というファイルに記述します。

webpack.config.js

```
module.exports = {
  mode: "development",
  devtool: "source-map",
  entry: "./sample.ts",
  resolve: {
    extensions: [".ts", ".js"]
  },
  module: {
    rules: [
      {
        test: /\.ts$/,
        use: { loader: "ts-loader" }
      }
    ]
  }
};
```

modeオプションはdevelopmentとproductionが指定可能で、productionを指定した場合には本番適用を想定したminifyなども実行してくれます。開発時はdevelopmentを指定しておけば問題ないでしょう。

webpackはLoaderという仕組みで、モジュールバンドル時にコードに対してさまざまな処理を行うことができます。今回はts-loaderを利用することで、webpackでバンドルする際にTypeScriptでの変換を行っています。加えてresolveに.tsを指定することで、拡張子を省略しても解決できるようにしています。

では、webpackを実行してみます。

```
$ npx webpack
```

次のような表示がされればビルドは成功しています。

```
Hash: 0903ae6ee2b5e020a390
Version: webpack 4.32.2
Time: 2091ms
Built at: 2019-05-26 15:12:30
      Asset      Size  Chunks             Chunk Names
    main.js  4.06 KiB    main  [emitted]  main
main.js.map  3.94 KiB    main  [emitted]  main
Entrypoint main = main.js main.js.map
[./sample.ts] 311 bytes {main} [built]
```

ビルド結果は`dist/main.js`に出力されます（出力ディレクトリーやファイル名はwebpack.config.jsでカスタマイズ可能です）。これで、`sample.ts`を起点にwebpackがimport箇所を辿って解決し、依存するモジュールの内容も含めて`dist/main.js`という単一のファイルにバンドルすることができるようになりました。

watchモードでwebpackを起動する

変更するたびに手動でビルドしてもよいですが、webpackはwatchモードで起動しておくことで、変更を検知するたびに自動的にビルドを実行してくれます。

```
$ npx webpack -w
```

開発時にはwebpackをwatchモードで起動しておくと便利です。ただし注意すべきなのが、ファイルの追加や削除を行うと正常に検知できずエラーとなることがある点です。そういった場合には`Ctrl+c`などでプロセスを停止し、再度watchモードで起動してください。

7.4 ライブラリーをnpmパッケージへ移行する

さて、すでに何らかのライブラリーを利用していることもあるでしょう。それがもし.jsファイルを直接ロードしていたり、CDN経由で参照しているようであれば、多くは暗黙的にwindowオブジェクトを利用してグローバル依存となっています。必須ではありませんが、npmパッケージ管理に移行できないか検討しておきましょう。たとえばjQueryの場合は次の手順で置き換えることができます。

```
$ npm install jquery
バージョンを指定する場合
$ npm install jquery@3.4.1
```

利用したいファイルの先頭にimportを追加します。

sample.ts

```
import $ from "jquery";

function fullName(firstName: string, lastName: string) {
  ...
```

この状態でwebpackを再実行すると、dist/main.jsにjQueryのコードも含まれるようになります。なお、ライブラリーのnpmパッケージへの移行時は次の点に注意が必要でしょう。

・外部プラグインやグローバル値への依存がないか

・npmパッケージとのバージョン差異

コードを理解し影響がないことを把握するのが理想ではありますが、難しい場合にはE2Eテスト・ビジュアルリグレッションテストなどで動作を担保して、安全を確保することが重要になるでしょう。なお、npmパッケージが提供されているかどうかはライブラリーによります。著名なライブラリーであれば提供されていることが多いですが、npmのオフィシャルページで検索するか、ライブラリーの提供ページの公式ドキュメントを参照してみてください。

7.5 コードを分割する

webpackによるビルド環境が整えばコードを小さく分割できるようになりますが、コードをどのように分割するかは、チームの文化や個人的な好みなどにも左右されます。厳密に「これが正しい」という答えはなく、適宜判断していく必要があるでしょう。ひとつの指針としては、事前にコードを整理した際のDOMのRead/Write/Eventの分類に従う方法があります。Vue.jsなどのフレームワークへ移行する際もこの分類に対応するとスムーズに進められます。`sample.ts`を例に挙げると、次のような形に分割できるでしょう。

sample.ts - モジュール分割前

```
function fullName(firstName: string, lastName: string) {
  return firstName + lastName;
}

function update() {
  var firstName: string = $(".firstName").text();
  var lastName: string = $(".lastName").text();
  $(".fullName").text(fullName(firstName, lastName));
}

$(".button").on("click", function() {
  update();
});
```

sample.ts - モジュール分割後

```
import $ from "jquery";
import { readName } from "./readName";
import { writeName } from "./writeName";

function update() {
  var { firstName, lastName } = readName();
  writeName(firstName, lastName);
}
```

```
$(".button").on("click", function() {
  update();
});
```

readName.ts - Read処理のみのモジュール

```
export function readName() {
  var firstName: string = $(".firstName").text();
  var lastName: string = $(".lastName").text();

  return { firstName, lastName };
}
```

writeName.ts - Write処理のみのモジュール

```
function fullName(firstName: string, lastName: string) {
  return firstName + lastName;
}

export function writeName(firstName: string, lastName: string) {
  $(".fullName").text(fullName(firstName, lastName));
}
```

この状態でsample.tsを対象にwebpackを実行すると、分割したモジュールも適切に解決され、単一ファイルにバンドルされます。

7.6 実践編：モジュール分割

それでは、サンプルTODOアプリケーションをコード分割して整理してみましょう。

webpackの導入

まずはwebpackを導入します。パッケージを追加し、webpack.config.jsを作成しましょう。

```
$ npm install -D webpack webpack-cli ts-loader
```

webpack.config.js

```
module.exports = {
  mode: "development",
  devtool: "source-map",
  entry: "./js/script.ts",
  resolve: {
```

```
    extensions: [".ts", ".js"]
  },
  module: {
    rules: [
      {
        test: /\.ts$/,
        use: { loader: "ts-loader" }
      }
    ]
  }
};
```

ブラウザーでデバッグできるように、tsconfig.jsonでSourceMapの出力設定も追加しておくとよいでしょう。

tsconfig.json - sourceMap設定を追加

```
{
  "compilerOptions": {
    ...
    "allowJs": true,
    "sourceMap": true,
    "strict": true,
    ...
}
```

webpackビルドを実行し、`dist/main.js`が出力されれば成功です。

```
$ npx webpack
```

HTMLからロードするスクリプトをこのファイルに変更しましょう。

index.html（一部のみ抜粋）

```
    <script src="./js/jquery-3.3.1.min.js"></script>
    <script src="./dist/main.js"></script>
  </body>
</html>
```

これで、モジュールバンドルとTypeScriptの変換を通した状態のファイルを利用するように置き換えができました。しかし、動作するか不安になります。テストコードを実行し、挙動を壊していないことを確認しましょう。せっかくですのでE2Eテスト・ビジュアルテスト・スナップショットテストをすべて動作させます。

```
$ npm run test:all
```

おそらく、HTMLベースのスナップショットテストだけ失敗したのではないでしょうか。

図7.1: HTMLベースのスナップショットテストで差異を検知した例

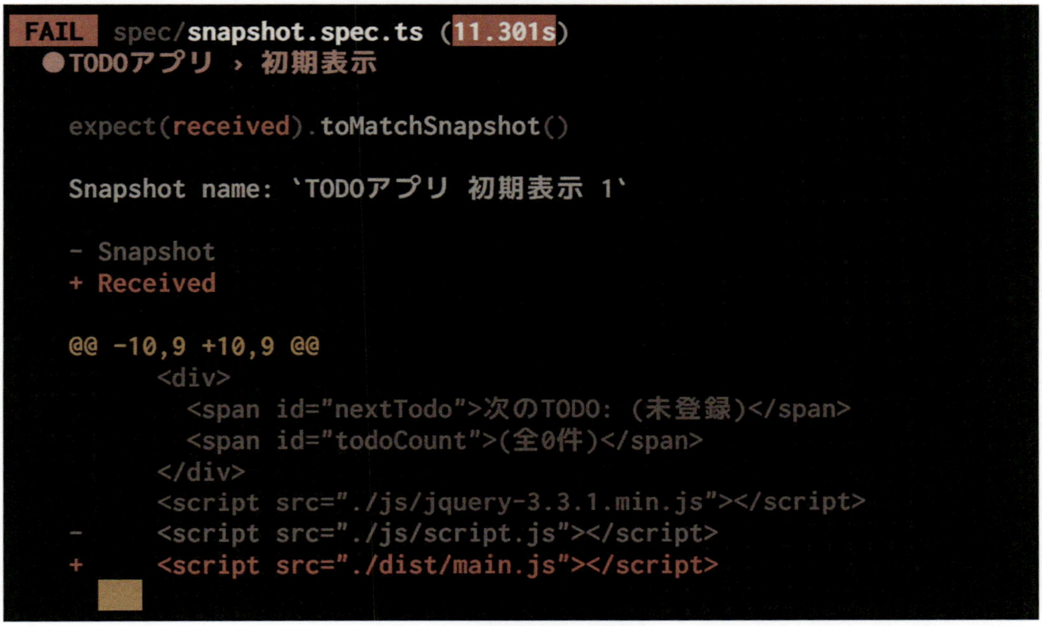

```
 FAIL  spec/snapshot.spec.ts (11.301s)
  ● TODOアプリ › 初期表示

    expect(received).toMatchSnapshot()

    Snapshot name: `TODOアプリ 初期表示 1`

    - Snapshot
    + Received

    @@ -10,9 +10,9 @@
            <div>
              <span id="nextTodo">次のTODO: (未登録)</span>
              <span id="todoCount">(全0件)</span>
            </div>
            <script src="./js/jquery-3.3.1.min.js"></script>
    -       <script src="./js/script.js"></script>
    +       <script src="./dist/main.js"></script>
```

出力内容を見るとscriptタグの違いを検出してエラーになっていることがわかります。確かにscriptタグは自分で変更したばかりですね。期待通りの結果ですので、現在のスナップショットを正として置き換えましょう。

```
$ npm run test:all -- --updateSnapshot
```

読み込むスクリプトファイルを変更しましたが、１つコマンドを実行するだけで、

- 振る舞いに変化がないこと
- 見た目に変化がないこと
- スクリプトタグのロードにのみ差異があること

をすべてチェックすることができました。テストコードがあってよかったですね！

jQueryをnpmパッケージ利用に置き換える

グローバル依存しているjQueryについてnpmパッケージを利用するように置き換えてみましょ

う。まずはjQueryパッケージを追加します。

```
$ npm install jquery@3.3.1
```

js/script.tsの先頭に一行追加します。

js/script.ts

```
import $ from "jquery";

/* eslint-disable func-names,no-var,vars-on-top,prefer-template */
function updateAll() {
  ...
```

HTMLからはjQueryのロードを削除しましょう。

index.html

```
      ...
      <span id='todoCount'></span>
    </div>
    <script src="./dist/main.js"></script>
  </body>
</html>
```

webpackを再実行してテストを通しておきましょう。スナップショットテストが失敗するはずですので、スナップショットを更新しておきましょう。

```
$ npx webpack
$ npm run test:all

スナップショットを更新
$ npm run test:all -- --updateSnapshot
```

これで必要な箇所でのみjQueryをロードして使えるようになりました。js/jquery-3.3.1.min.jsも利用しなくなりますので、ファイル自体を削除してしまってかまいません。

Read部を切り出す

DOMから値をReadしている部分のみを関数に切り出してみましょう。サンプルTODOアプリ内から、一部をjs/reader.tsというファイルに切り出すと次のようになります。import/exportによってモジュールとして取り扱っている点がポイントです。

js/reader.ts

```
import $ from "jquery";

export const readData = () => {
  const count = $(".todo").length;
  const next = $(".todo input").first();
  const nextTodoText = count ? next.val() : "(未登録)";

  return { count, nextTodoText };
};
```

js/script.ts

```
import $ from "jquery";
import { readData } from "./reader";

/* eslint-disable func-names,no-var,vars-on-top,prefer-template */
function updateAll() {
  const { count, nextTodoText } = readData();

  $("#nextTodo").text("次のTODO: " + nextTodoText);
  $("#todoCount").text("(全" + count + "件)");

  ...
```

Write部を切り出す

同様にDOMへの書き込みを行っている箇所を、js/writer.tsというファイルに切り出していきましょう。あわせて、切り出した箇所でESLintの指摘を受けている部分を修正しています。

js/writer.ts

```
import $ from "jquery";

export const writeNextTodo = nextTodoText => {
  $("#nextTodo").text(`次のTODO: ${nextTodoText}`);
};

export const writeTodoCount = count => {
  $("#todoCount").text(`(全${count}件)`);
};

export const toggleTodoList = count => {
```

```
  if (count) {
    $("#todoList").show();
  } else {
    $("#todoList").hide();
  }
};

export const toggleTodoEmpty = count => {
  if (count) {
    $("#todoEmpty").hide();
  } else {
    $("#todoEmpty").show();
  }
};

export const removeTodo = $element => {
  $element.closest(".todo").remove();
};

export const addTodo = () => {
  const wrapper = $("<div>");
  wrapper.addClass("todo");

  const input = $("<input>");
  input.attr("type", "text");

  const deleteButton = $("<button>");
  deleteButton.addClass("delete").text("削除");

  wrapper.append(input);
  wrapper.append(deleteButton);
  $("#todoList").append(wrapper);
};
```

Write部の呼び出しを追加すると、js/script.tsは次のようなコードとなります。

js/script.ts

```
import $ from "jquery";
import { readData } from "./reader";
import {
  writeNextTodo,
```

```
  writeTodoCount,
  toggleTodoList,
  toggleTodoEmpty,
  removeTodo,
  addTodo
} from "./writer";

/* eslint-disable func-names */
function updateAll() {
  const { count, nextTodoText } = readData();

  writeNextTodo(nextTodoText);
  writeTodoCount(count);
  toggleTodoList(count);
  toggleTodoEmpty(count);
}

$(function() {
  $("#addTodo").on("click", function() {
    addTodo();
    updateAll();
  });

  $("#todoList").on("input", ".todo:eq(0)", function() {
    updateAll();
  });

  $("#todoList").on("click", ".delete", function() {
    removeTodo(this);
    updateAll();
  });

  updateAll();
});
```

最後にテストを実行しておきましょう！

```
$ npx webpack
$ npm run test:all
```

パスすれば完了です。おつかれさまでした！

モジュール分割の完了

次のような形にコードを分割することができました。

・js/reader.ts : DOMを参照して値を返す
・js/writer.ts : 値に基づいてDOMを書き換える
・js/script.ts : DOMのイベントに基づいてreader/writerを呼び出す

それぞれのファイルが何を責務としているかが明らかになり、かつ修正した場合に及ぼす影響範囲もわかりやすくなってきました。これらをもとに、次章以降の実践編ではVue.jsへの置き換えを進めていきましょう！

第8章　Vue.js（セットアップ）

8.1　DOMが中心であることのデメリット

DOM操作APIやjQueryなどを主体とするレガシーフロントエンドコードは、アプリケーションの中心に位置するのはDOMそのものであり、初期表示されたHTMLに対して、イベント実行などに応じてDOMを任意に書き換えることで必要な機能を実現していました。これは「ちょっとだけ動きをつけたいな…」という程度であればとても便利です。

しかし、昨今のWebアプリケーション開発では、フロントエンド側に求められる機能の比重が大きくなってきており、それに伴いコード量も増大します。これを従来のDOM操作のアプローチで実現しようとすると、さまざまな問題にぶつかることでしょう。

複雑化しやすい

第2章では、改善作業ではコードを触る前に「レガシーフロントエンドコードを正しく読み解く」という点を解説しました。これは、従来のDOM操作中心のアプローチでは、読み解く努力が必要となるコードを簡単に生み出してしまうことを表します。HTMLと処理の関連が複雑化しやすく、一度そうなると新たなコードの追加や修正が困難になります。結果としてレガシーフロントエンドコードが生まれ、誰も手がつけられない魔境と化していく傾向にあります。

データとHTMLの関連が不明瞭

DOM操作中心のアプローチの場合、アプリケーションのデータの多くがDOM要素に依存します。たとえば、入力値はinput要素から取得する必要がありますし、一覧表示の件数は`<li>`タグの数をカウントしたりする必要があるでしょう。ここにWebAPIなどが絡んでくると「どの要素の値を取得してAPIのリクエストパラメータとするのか？」「APIのレスポンスはどの要素に書き込むのか？」といった情報も増え、あるデータを用意したときにどういった描画になるのかを把握するのが困難となります。最終的には、たとえば次のような問題に繋がっていくことが考えられます。

・デザインの変更時に描画タイミングがわからず修正箇所を特定できない
・サーバーサイドでのAPI変更時の影響範囲がわからない

8.2　宣言的テンプレートと状態管理へ

先に挙げた問題に対処するため、現在ではまったく異なるアプローチのフロントエンドフレームワークを利用するのが主流です。その中でも**Vue.js・React・AngularJS**などが代表的です。これらには「テンプレートを宣言的に定義し、明示的に開発者がDOMの描画を行う必要が無い」という共通点があります。データの変化に応じた再レンダリングはフレームワーク側が行うことで、どう描画されるかは常に可視化され、ソースコードを見るだけで把握しやすくなります。かつテンプレートと関連のあるデータ（状態）も、フレームワークが定める方法で管理されるため、データ構造・テンプレートの互いの影響箇所が把握しやすくなり、CSSによるデザインの適用・修正や、共通部を抽出してコンポーネント化するといったことも容易になります。

Vue.js

実際にどのフレームワークを導入するか検討する必要がありますが、本書ではVue.jsを導入する例を紹介します。筆者の主観も入っていますが、Vue.jsは比較的学習コストが低く、さらにページ内で部分的な導入がしやすいです。かつ公式のドキュメント（しかも日本語！）が充実しており、困ったときに解決しやすいのも大きいメリットです。

8.3 Vue.jsのセットアップ

まずはVue.jsを利用できるように環境を整えていきましょう。

SFC（Single File Components）

Vue.jsはCDNなどから.jsファイルを直接ロードして利用することもできますが、npmパッケージを利用することを強く推奨します。その大きな理由のひとつがSFC（Single File Components）の存在です。Vue.jsではコンポーネントという仕組みで小さくコードを部品化していくことができますが、SFCを利用するとテンプレート・スクリプト・スタイルを1ファイルに閉じ込めたコンポーネントを簡単に書くことができます。それぞれ見慣れているHTML/JavaScript（TypeScript）/CSSで記述することができ、さらにVisualStudioCodeなどのエディターで適切なプラグインとあわせて利用すると、シンタックスハイライトもきれいに表示されるため可読性に優れます。

SFCの例

```
<template>
<p>This is {{name}}</p>
</template>

<script>
export default {
  data() {
    return {
      name: "Vue.js"
    };
  }
}
</script>
```

```
<style scoped>
p {
  color: red;
}
</style>
```

SFCのビルド設定

SFCは.vueというブラウザーが直接理解することのできない独自のファイル形式で記述していくため、適切にブラウザーが解釈できる形に変換する必要があり、webpackを利用する方法が一般的です。ビルドにはまずは必要なnpmパッケージを追加します。

```
$ npm install vue
$ npm install -D vue-template-compiler vue-loader
```

SFC内のCSSをビルドするためには次のパッケージも必要です。

```
$ npm install -D css-loader style-loader
```

次のような内容でwebpack.config.jsを用意します。

webpack.config.js - SFCをビルドする設定

```
const VueLoaderPlugin = require("vue-loader/lib/plugin");

module.exports = {
  mode: "development",
  module: {
    rules: [
      {
        test: /\.vue$/,
        use: {
          loader: "vue-loader"
        }
      },
      {
        test: /\.css$/,
        use: [{ loader: "style-loader" }, { loader: "css-loader" }]
      }
    ]
  },
```

```
  plugins: [new VueLoaderPlugin()],
  resolve: {
    extensions: [".js", ".vue"]
  }
};
```

必要最低限の設定は以上です。SFCの例として挙げた内容で`Sample.vue`というファイルを用意してビルドしてみましょう。

```
$ npx webpack --entry ./Sample.vue --output ./Sample.js
```

エラーが発生せずファイルが出力されれば成功です。なお実際には.vueファイルをwebpackから直接指定することは少なく、Vueコンポーネントをマウントするスクリプトファイルを用意し、そちらをエントリーポイントとしてビルドするケースが大半です。

簡易的なマウント用スクリプトの例

```
import Sample from "./Sample";

new Vue(Sample).$mount("#app");
```

8.4 Vue.jsとTypeScriptを組み合わせる

Vue.jsのSFC内でTypeScriptを利用することも可能です。第7章でwebpackとTypeScriptを組み合わせる場合に`ts-loader`を紹介しましたが、SFC内に書いたTypeScriptをts-loaderを通すことでビルドできます。

webpack.config.js - SFC内のTypeScriptをビルドする設定

```
const VueLoaderPlugin = require("vue-loader/lib/plugin");

module.exports = {
  mode: "development",
  module: {
    rules: [
      {
        test: /\.ts$/,
        use: {
          loader: "ts-loader",
          options: { appendTsSuffixTo: [/\.vue$/] }
        }
```

```
      },
      {
        test: /\.vue$/,
        use: {
          loader: "vue-loader"
        }
      },
      {
        test: /\.css$/,
        use: [{ loader: "style-loader" }, { loader: "css-loader" }]
      }
    ]
  },
  plugins: [new VueLoaderPlugin()],
  resolve: {
    extensions: [".js", ".ts", ".vue"]
  }
};
```

また、TypeScriptコンパイラは.vue形式のファイルをモジュールとして認識することができないため、型定義ファイルを自分で準備する必要があります。`vue-shim.d.ts`というファイルを次の内容で配備すればOKです。

vue-shim.d.ts

```
declare module "*.vue" {
    import Vue from "vue";
    export default Vue;
}
```

この状態で、SFC内の`<script>`にlang設定を追加すると、SFC内のTypeScriptをビルド可能となり、型チェックも実行されます。

TypeScriptを利用するSFC例

```
<template>
<p>{{num}} x 3 = {{result}}</p>
</template>

<script lang="ts">
export default {
  data() {
    return {
```

```
        num: 10
      };
    },
    computed: {
      result() {
        const value: number = this.num * 3;
        return value;
      }
    }
}
</script>
```

しかし、このSFCは実際にビルドすると次の型チェックエラーが発生します。

```
[tsl] ERROR in {ファイルパス}/Sample.vue.ts(14,34)
      TS2339: Property 'num' does not exist on type '{ result(): number; }'.
```

`this.num`の部分で「thisの中にそんなものはないよ！」と怒られています。Vue.jsでコードを書いていく際は、コンポーネント内でthisを多用します。これは実行時にVue.jsが解決してくれる部分ですので、単純にコードに書いてもTypeScriptコンパイラは知ることができないためエラーとなります。そのため、TypeScriptでVue.jsを書く場合には記法を少し工夫する必要があります。

Vue.extend

もっとも簡単なのが`Vue.extend`を使う方法です。さきほどのエラーとなった例を書き換えると次のような形となります。

Vue.extendによるSFC例

```
<template>
<p>{{num}} x 3 = {{result}}</p>
</template>

<script lang="ts">
import Vue from "vue";

export default Vue.extend({
  data() {
    return {
      num: 10
    };
  },
```

```
  computed: {
    result() {
      const value: number = this.num * 3;
      return value;
    }
  }
});
</script>
```

Vue.extendは、他のコンポーネントを継承して新しいコンポーネントを作るためのAPIです。このメソッド自体にVue.jsが型情報を提供してくれているため、thisの推論が可能となります。他のライブラリーを必要とせず、Vue.extendの実行以外で大きく記述方法に差異がないのが特徴です。手軽に導入できるため、どうしたらいいか迷う場合はVue.extendによる記法を導入しておけばよいでしょう。

クラススタイルコンポーネント

TypeScriptを利用するもうひとつの方法が、クラススタイルコンポーネントです。利用するには、vue-class-component[1]というパッケージが必要となります。実際に利用すると次のようなイメージです。

クラススタイルコンポーネントによるSFC例

```
<template>
<p>{{num}} x 3 = {{result}}</p>
</template>

<script lang="ts">
import Vue from "vue";
import Component from "vue-class-component";

@Component
export class Sample extends Vue {
  num: number = 10;

  get result() {
    const value: number = this.num * 3;
    return value;
  }
}
</script>
```

1.https://github.com/vuejs/vue-class-component

TypeScriptを利用しない場合やVue.extendを利用する場合、コンポーネントはオブジェクトで定義します。クラススタイルコンポーネントの場合は大きく異なり、名前のとおり「クラス」として定義します。Vue独特のコンポーネント定義を必要としないため、クラス記法に慣れている場合には抵抗なく書けます。また、さらにvue-property-decorator[2]というパッケージを組み合わせることで、props（親コンポーネントから受け取る値）やwatch（値の監視）といったものも含め、ほぼすべてをTypeScriptで守りながらクラススタイルで書くことが可能となります。ただ、将来的に3.xのVue.js（執筆時点での最新は2.x系）で公式にクラススタイルコンポーネントが実装されるというプランがありましたが、残念ながらドロップ（不採用）となったため、以前ほど積極的に採用する理由は薄れているかと思います。書き方が特徴的となるぶん公式ドキュメントやサンプルコードから脳内で変換が必要になるコストもあるため、よくわからない・迷う・判断できないといった場合には基本的にはVue.extendの利用を推奨します。

8.5 Vue.js DevTools

Vue.jsの開発時は、Vue.js DevToolsというGoogleChrome拡張の利用をオススメします。コンポーネントの状態から、保持しているデータ、イベントの発行状態といった情報を確認することが可能となり、問題が発生した場合のデバッグ時も大いに役立ちます。もしインストールしていない場合は追加しておきましょう。

- https://github.com/vuejs/vue-devtools

図8.1: Vue.jsの公式ドキュメントをVue.js DevToolsで参照した例

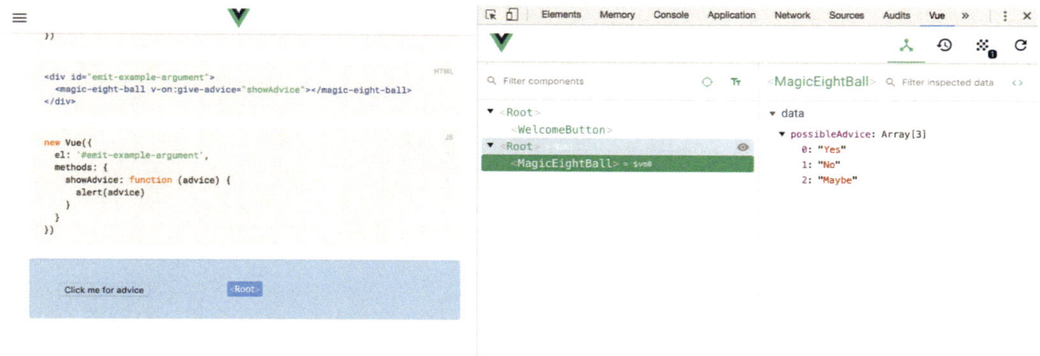

なお、実践編で取り扱うようなローカルファイルの場合は動作しないことがあります。その場合、GoogleChromeの拡張機能の設定から「ファイルのURLへのアクセスを許可する」をオンにしてください。

2.https://github.com/kaorun343/vue-property-decorator

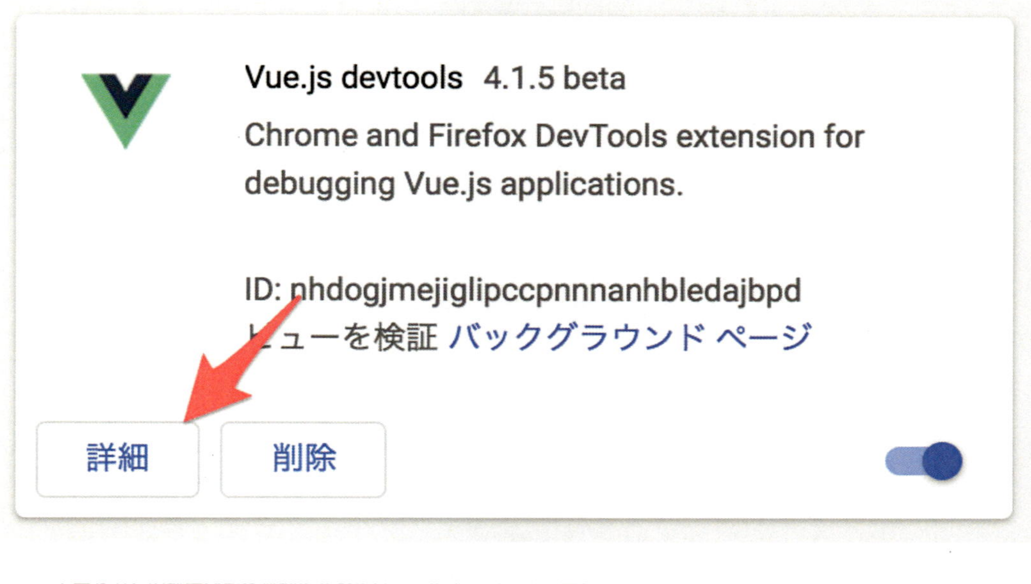

8.6　Vue.jsの基本知識

あらかじめ、Vue.jsの基本的な部分を学んでおきましょう。なお、詳細なVue.jsの仕様にまで踏み込むとそれだけで一冊の技術書になってしまいますので、本書では「レガシーフロントエンドからの移行」の観点で重要な点にのみ解説します。

コンポーネントの基本的な構成要素

次のコンポーネントを例に、基本的な構成要素を確認しておきましょう。

Vue.jsコンポーネント例

```
<template>
  <div>
    <div>foobar: {{foobar}}</div>
    <my-child-component
      :bar="bar"
      @update="handleUpdate"
    />
  </div>
</template>
```

```
<script lang="ts">
import Vue from "vue";
import MyChildComponent from "./MyChildComponent.vue";

export default Vue.extend({
  components: { MyChildComponent },
  props: {
    foo: {
      type: String,
      default: "foo"
    }
  },
  data() {
    return {
      bar: "abc"
    };
  },
  computed: {
    foobar(): string {
      return this.foo + this.bar;
    }
  },
  methods: {
    handleUpdate(bar: string) {
      this.bar = bar;
      this.$emit("update-bar", this.bar);
    }
  }
});
</script>
```

props/プロパティ

```
props: {
  foo: {
    type: String,
    default: "foo"
  }
}
<my-child-component
```

```
  :bar="bar"
  @update="handleUpdate"
/>
```

このコンポーネントが利用される際に、外部から受け取りたい読み取り専用のプロパティをpropsとして定義します。その際、タイプやデフォルト値を指定できます。ここでいう「タイプ」はTypeScriptの型とは違うもので、実行時に想定しない値が渡ってきた場合に警告を出したりするのに利用されます。子コンポーネントにプロパティを渡す場合は、:bar="bar"のような形で記述します。これはv-bind:bar="bar"の短縮記法です。基本的には短縮記法を使うようにしましょう。

data/データ・状態

```
data() {
  return {
    bar: "abc"
  };
}
```

コンポーネント内で取り扱うデータ・状態をdataメソッドとして定義します。メソッドとして定義する必要があるのは、コンポーネントが生成される際に、あわせて新しい初期値も生成する必要があるためです。

computed/算出プロパティ

```
computed: {
  foobar(): string {
    return this.foo + this.bar;
  }
}
```

データやプロパティなどを元に、何らかのロジックを伴うプロパティ値をcomputedで新たに定義することができます。算出プロパティ自体はメソッドとして定義しますが、利用時はthis.foobarのような形でプロパティとしてアクセスできます。

なお、算出プロパティを使わずに次のような形でテンプレート内に記述することも可能です。

```
<div>foobar: {{foo + bar}}</div>
```

しかし、テンプレート上にロジックを入れると、Vue.jsの利点である「宣言的なテンプレート」が崩れてしまいます。また、算出プロパティは「依存するプロパティに変更がない場合は値がキャッシュされる」というパフォーマンス上の利点もあります。何らかの処理を伴う描画が必要となる場合は、基本的には算出プロパティを利用するように心がけるとよいでしょう。

methods/メソッド

```
methods: {
  handleUpdate(bar: string) {
    this.bar = bar;
    this.$emit("update-bar", this.bar);
  }
}
```

イベントやライフサイクルフック（コンポーネントの作成・破棄といったタイミング）に応じた処理はmethodsに定義します。状態の変更や外部モジュールの呼び出しといった処理全般はmethodsを利用します。

イベントハンドリング

```
methods: {
  handleUpdate(bar: string) {
    this.bar = bar;
    this.$emit("update-bar", this.bar);
  }
}
```

```
<my-child-component
  :bar="bar"
  @update="handleUpdate"
/>
```

コンポーネントが親子関係になるとき、子→親への通信はイベントを介してやりとりします。子コンポーネントではthis.$emitを利用してイベントを送出します。親コンポーネント側では@update="handleUpdate"といった形でイベントを受け取ることができます。なお、@updateは、v-on:updateの短縮記法です。v-bind同様、基本的には短縮記法を利用しましょう。

コンポーネントの登録

```
components: { MyChildComponent }
```

コンポーネント内で他のコンポーネント利用する場合、あらかじめ利用登録する必要があります。なお、登録時はキャメルケース（MyChildComponent）ですが、テンプレート上で利用する際にはケバブケース（my-child-component）で記述可能です。このあたりはVue.js側で解決してくれています。

その他の情報について

次章以降で解説する範囲では、最低限ここまでに紹介した内容が把握できていれば読み進めることができますが、実際に開発していく中ではこの内容だけでは不足していくるかと思います。公式ドキュメントがとても充実した内容になっていますので、そちらを参考にするとよいでしょう。

- https://jp.vuejs.org/v2/guide/

8.7　実践編：Vue.js（セットアップ編）

SFCのビルド設定

サンプルTODOアプリでVue.jsを使えるようにセットアップしてみましょう。前章までに整えたTypeScript・webpackと組み合わせます。必要なパッケージを追加しましょう。

```
$ npm install vue
$ npm install -D vue-template-compiler vue-loader
$ npm install -D css-loader style-loader
```

webpack.config.jsに設定を追加します。

webpack.config.js

```
const VueLoaderPlugin = require("vue-loader/lib/plugin");

module.exports = {
  mode: "development",
  devtool: "source-map",
  entry: "./js/script.ts",
  resolve: {
    extensions: [".ts", ".js", ".vue"]
  },
  module: {
    rules: [
      {
        test: /\.ts$/,
        use: {
          loader: "ts-loader",
          options: { appendTsSuffixTo: [/\.vue$/] }
        }
      },
      {
        test: /\.vue$/,
```

```
        use: {
          loader: "vue-loader"
        }
      },
      {
        test: /\.css$/,
        use: [{ loader: "style-loader" }, { loader: "css-loader" }]
      }
    ]
  },
  plugins: [new VueLoaderPlugin()]
};
```

.vueファイル解決用にvue-shim.d.tsも配備します。

vue-shim.d.ts

```
declare module "*.vue" {
    import Vue from "vue";
    export default Vue;
}
```

このファイルはESLintの対象に含める必要はないので除外しておきましょう。

.eslintignore

```
node_modules/**/*
js/jquery-3.3.1.min.js
vue-shim.d.ts
```

設定は以上です。

動作確認

確認のため、ダミーの.vueファイルを用意してビルドが通ることだけを確認しておきましょう。Sample.vueというファイルを用意します。

Sample.vue

```
<template>
  <div>sample</div>
</template>

<script lang="ts">
import Vue from "vue";
```

```
export default Vue.extend({
  data() {
    return {
      str: "abc" as string
    };
  }
})
</script>
```

次のコマンドを実行します。

```
npx webpack --entry ./Sample.vue --output Sample.js
```

エラーが発生せずにビルドが成功すればOKです。確認用ですので、Sample.vue・Sample.js・Sample.js.mapは削除してもかまいません。

Vue.jsのセットアップ完了

おつかれさまです。これでVue.jsでコードを書いていく準備が整いました。次章以降は実際にjQueryからVue.jsの書き換えをしながら流れを学んでいきます。少し大変かもしれませんが、がんばっていきましょう！

第9章　Vue.js（移行の予備知識）

DOM中心アプローチと比較した場合のVue.jsの利点を学び、Vue.jsコードを書いていける環境を整えることができました。実際に移行を進めていきたいところですが、ゼロからの新規Vue.jsアプリケーション構築と異なり、レガシーフロントエンドコードからの移行ならではの問題点やコツといったものがあります。書き換えを行う前にあらかじめ予備知識として確認しておきましょう。

9.1　移行時に発生しやすい問題

jQueryなどのDOM中心アプローチによるコードをVue.jsへ段階的に置き換えていく場合、陥りやすい「よくある」トラブルがあります。意図しない不具合を踏む可能性を減らしたり、もし踏んでしまっても早めに解決できるよう、あらかじめ把握しておきましょう。

イベントバインドのタイミング

移行前のコードでクリックなどのイベントに対して処理を行っている場合、Vue.jsがマウントするタイミングとの兼ね合いでイベントが正常に動作しなくなる可能性があります。たとえば次のようなコードがあったとします。

イベントバインドを行うスクリプト

```
var button = document.querySelector(".button");

button.addEventListener("click", function() {
  console.log("clicked");
});
```

イベントバインド対象のHTML

```
<button class="button">ボタン</button>
```

".button"のクラスをもつ要素をクリックしたらログに出力するだけの簡単なものです。しかし、ボタン要素をコンポーネントに置き換えた場合どうなるでしょうか。

Button.vue

```
<template>
  <button class="button">ボタン</button>
</template>
```

イベントバインドを行うスクリプト（Vue.jsを利用）

```
import Vue from "vue";
import Button from "./Button.vue";

var button = document.querySelector(".button");

button.addEventListener("click", function() {
  console.log("clicked");
});

new Vue(Button).$mount(".button");
```

イベントバインド対象のHTML

```
<div class="button"></div>
```

この場合、イベントリスナーに登録しているログ出力処理は実行されません。原因は至ってシンプルで、イベントバインド後にVue.jsがマウントされ再レンダリングされた時点でDOM要素が置き換わり、古いDOMと共にイベントバインドも破棄されてしまったのです。解消するためには、イベントバインドがVue.jsによるマウントより後のタイミングで実行される必要があります。

Vue.jsのマウント後にイベントバインドを実行する

```
import Vue from "vue";
import Button from "./Button.vue";

new Vue(Button).$mount(".button");

var button = document.querySelector(".button");

button.addEventListener("click", function() {
  console.log("clicked");
});
```

また、JavaScriptのDOMイベントは親の要素に伝搬していく仕組み（イベントバブリング）があります。これを利用して、実際に操作される親の要素でイベントを拾い上げる方法でも回避できます。次の例の場合ではイベントバインド対象はあくまでもbody要素なので、その配下の要素が入れ替わったとしても問題なく動作します。

イベントバブリングによる対処方法

```
import Vue from "vue";
import Button from "./Button.vue";
```

```
var body = document.querySelector("body");

body.addEventListener("click", function(e) {
  if (e.target.matches(".button")) {
    console.log("clicked");
  }
});

new Vue(Button).$mount(".button");
```

移行時には、DOMに直接イベントバインドする処理とVue.jsのレンダリングが一時的に共存することがあります。その場合は処理の順番などによって適切にイベントが実行されない可能性があるため、次の点に注意するとよいでしょう。

・イベントバインド時点で対象のDOMが正しく存在するか
・イベントバインド後にDOMが破棄されないか

DOM書き換えの競合

Vue.jsでレンダリングされている要素をVue.js外部から書き換えると予期せぬ動作につながる恐れがあります。次のような「ボタンをクリックすると、"ON"/"OFF"の表示を切り替える」というコンポーネントを例にみてみましょう。

```
<template>
  <div>
    <button @click="toggle">切り替え</button>
    <div v-if="show" class="on">ON</div>
    <div v-else class="off">OFF</div>
  </div>
</template>

<script lang="ts">
import Vue from "vue";

export default Vue.extend({
  data() {
    return { show: false };
  },

  methods: {
    toggle() {
```

```
      this.show = !this.show;
    }
  }
})
</script>
```

このコンポーネントをマウントした後に、次のコードでレンダリングした内容を書き換えるとどうなるでしょうか？

Vue.jsのレンダリング部分を書き換えるコード

```
document.querySelector(".off").innerText = "オフ";
```

結果としては、一時的に"オフ"という表示に変更されますが、ボタンをクリックすると再度"ON"/"OFF"の表示に戻ってしまいます。では、次のように要素を削除したらどうなるでしょうか。

Vue.jsのレンダリング部分を書き換えるコード

```
document.querySelector(".off").remove();
```

この場合、"OFF"の表示は消え、その後ボタンをクリックしても"ON"/"OFF"はともに表示されなくなります。このように、Vue.jsのレンダリング結果を外部からDOM操作APIなどで書き換えてしまうと、外部からの変更結果が失われたり、あるいはVue.jsの再レンダリング自体が正常に動作しなくなる恐れがあります。対処というよりは方針となりますが「Vue.jsでレンダリングしている箇所はVue.js以外では書き換えない」ということを徹底しましょう。そのためにも、Vue.js化をする前の段階で、該当要素が外部から意図せず書き換えられていないか把握することが重要となります。

非同期のDOM更新

Vue.jsはDOMの更新を行う際、非同期に再レンダリングを行います。これはVue.jsの公式ドキュメント[1]にも説明があります。

次のような、ボタンを押すたびに数値をカウントアップして表示するだけのコンポーネントがあったとします。

カウントアップするコンポーネント

```
<template>
  <div>
    <button @click="countup">countup</button>
    <div id="log">count: {{count}}</div>
  </div>
</template>
```

1.https://jp.vuejs.org/v2/guide/reactivity.html#非同期更新キュー

```
<script lang="ts">
import Vue from "vue";

export default Vue.extend({
  data() {
    return { count: 0 };
  },

  methods: {
    countup() {
      this.count = this.count + 1;
      window.logCount();
    }
  }
})
</script>
```

このコンポーネントはカウントアップするたびに、テンプレートの内容をlogCount関数でログに出力します。

カウント表示のテキストをログに出力する関数

```
window.logCount = () => {
  const logElement = document.querySelector("#log");
  console.log(logElement.innerText);
};
```

しかし、このコンポーネントを実際に動作させると、ログに出力される内容はカウントアップされる前の内容になってしまいます。

図9.1: 画面表示とログ出力の差異

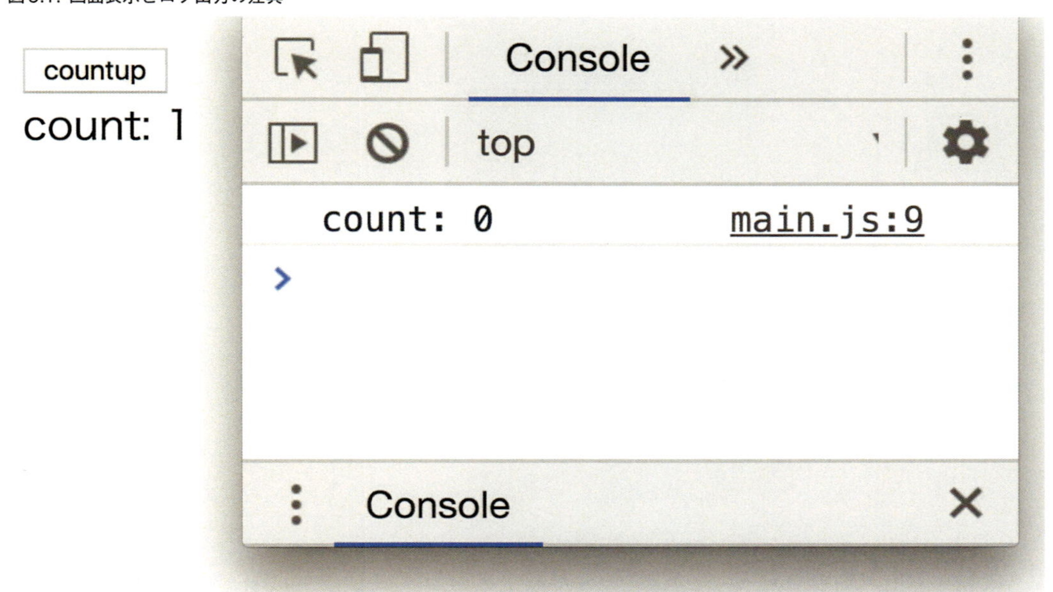

コンポーネント内のcountUpメソッド内で、データのcountを変化させることでVue.js側が再レンダリングを行います。その際、window.logCountでログにHTMLの内容を出力しようとしていますが、先に述べたとおりVue.jsはDOMの更新を非同期に実行するため、処理順としては再レンダリング自体は後続に回されることになり、実際には次の順序で処理が実行されます。

1. countUpメソッドを実行
2. データのcountを更新
3. コンポーネントの再レンダリングをキューイング（後続に回す）
4. window.logCount()が実行されHTMLを取得
5. window.logCount()がログに出力
6. コンポーネントが再レンダリングされる

図9.2: Vue.js再レンダリングが非同期実行されるイメージ

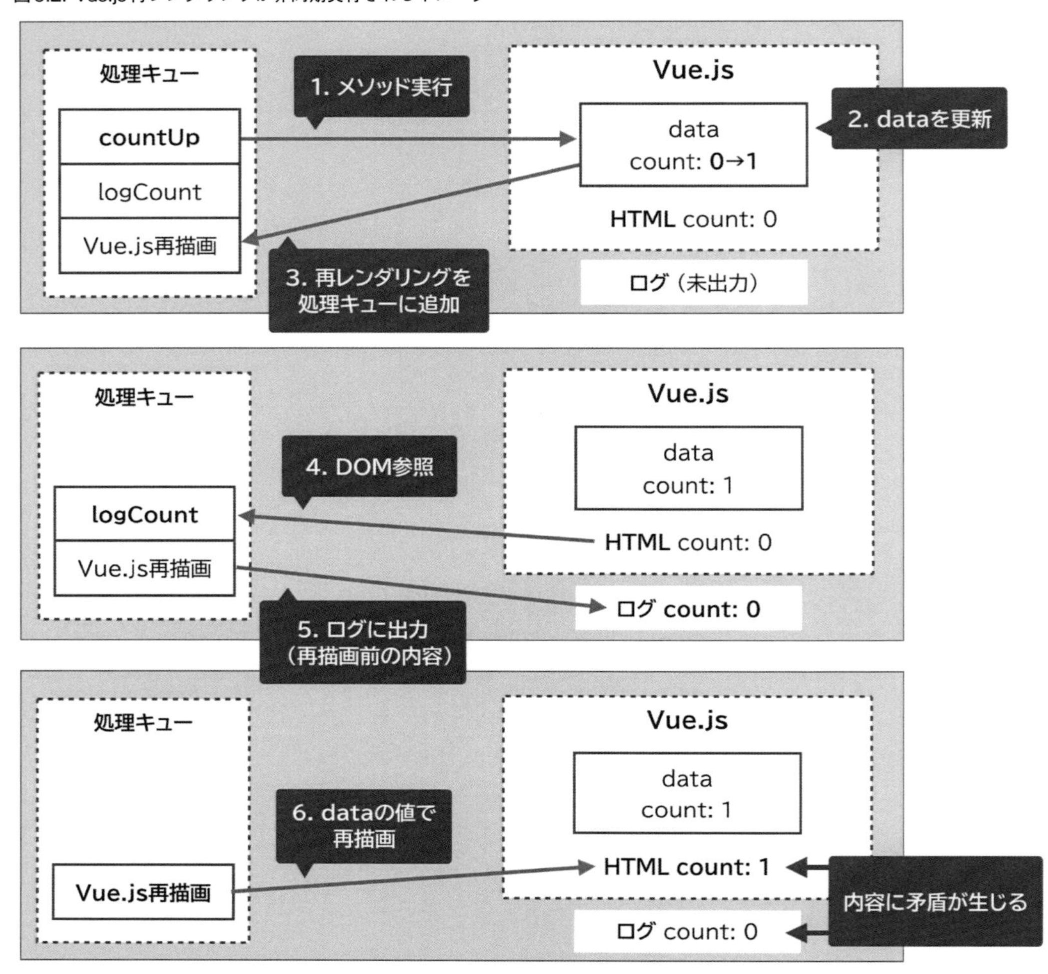

Vue.jsにはこれを回避するために**Vue.nextTick**[2]というAPIが用意されており、Vue.nextTickは受け取ったコールバック関数をDOMの再レンダリング後に呼び出してくれます。

Vue.nextTickを利用してレンダリング後に処理を実行する

```
...
  methods: {
    countup() {
      this.count = this.count + 1;
      Vue.nextTick(() => {
        window.logCount();
      });
    }
```

2.https://jp.vuejs.org/v2/api/#Vue-nextTick

```
  }
...
```

これで期待どおり、再レンダリング後の結果がログに出力されるようになります。

図9.3: 画面表示とログ出力（一致）

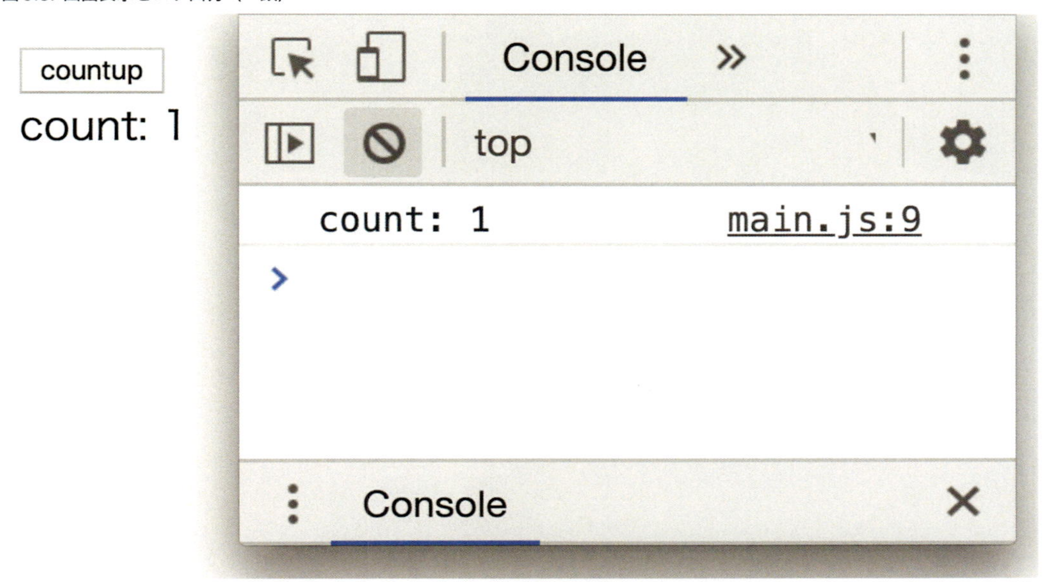

なお、Vue.nextTickが必要であるということは、すなわちDOMに依存したコードになってしまっている可能性があります。そのため通常のVue.jsアプリケーションの開発時にはあまり気軽に使うのは推奨できず、もしnextTickが必要と感じるのであれば、まず設計を見直すところから始めるべきでしょう。レガシーフロントエンドコードから移行期間中はやむを得ないシチュエーションがあるため、そういった場合の回避策として認識しておくとよいですが、最終的にはすべてのnextTickの呼び出し自体が撤廃されることが理想でしょう。

空白文字による差異

Vue.jsに置き換える際に、テンプレート上の空白文字の有無によって微妙に見た目に差異が出ることがあります。たとえば、次のようなHTMLを例に考えてみます。

テキストを表示するHTML

```
<div>
  <span class="txt">text1</span><span class="txt">text2</span>
</div>
```

これをVueコンポーネントで次のように置き換えました。

テキスト1件を表示するコンポーネント

```
<template>
  <span class="txt">{{text}}</span>
</template>

<script lang="ts">
import Vue from "vue";

export default Vue.extend({
  props: {
    text: { type: String }
  }
})
</script>
```

テキストをすべて表示する親コンポーネント

```
<template>
  <div>
    <text-component text="text1" />
    <text-component text="text2" />
  </div>
</template>

<script lang="ts">
import Vue from "vue";
import TextComponent from "./TextComponent.vue";

export default Vue.extend({
  components: { TextComponent }
})
</script>
```

このとき、Vue.js化する前と後での描画を比較すると、次のような差異が発生します。

図9.4: 描画差異（上がVue.js化前・下がVue.js化後）

これは、HTMLの段階ではspanタグ間に空白文字がなかったものが、Vue.jsコンポーネントにしたときにふたつの`TextComponent`間に改行を入れたためです。

Vue.js化する前のHTML

```
<span class="txt">text1</span><span class="txt">text2</span>
```

Vue.js化した後のテンプレート内容（改行を含む）

```
<text-component text="text1" />
<text-component text="text2" />
```

Vue.jsへの置き換え時には、このような空白文字に起因する差分は頻繁に発生します。注意すればある程度は減らすことはできますが、レガシーフロントエンドコードでは動的にDOMを変更する箇所もあるため、目視による確認ですべてに気付くことはほぼ不可能です。ビジュアルリグレッションテストやスナップショットテストがあれば機械的に拾うことができますので、厳密な移行が必要な場合にはきちんとテストを事前準備することが必要になるでしょう。

9.2 目指すべき理想構成

移行時には作業する順序・単位など、たくさんの判断が必要となります。迷いを減らすため、Vue.jsで書き換えた結果の最終的なアプリケーションの理想構成を把握しておきましょう。

責務の閉じたコンポーネントの集合体にする

すでに何度も登場していますが、Vue.jsでは「コンポーネント」という単位でテンプレート・スクリプト・スタイルを小さく切り出していくことが可能です。このとき、ひとつひとつのコンポーネントが考える役割（＝責務）は閉じたものにしましょう。

たとえば「検索ボタンをクリックしたら検索して検索結果を表示する」という機能があったとき、検索ボタンコンポーネントを作るのであれば、コンポーネント内にはボタン自体がもつべき機能だけを実装しましょう。ボタンのデザイン・クリックできる条件・場合によっては検索用WebAPIの実行などは実装してもよいかもしれません。しかし、検索結果の表示にまで踏み込むと、それは「検索ボタン」からはかけ離れてしまうため、そちらは別途、検索結果表示用のコンポーネントを用意すべきでしょう。最終的には責務が明確なコンポーネント同士が連携を取り合い、結果としてアプリケーション全体が動作するような構成が理想です。そうすることで、将来的に変更が必要になったとしても、コンポーネント外への影響は小さい状態で手を加えることができ、「安全」な形を維持することができます。

単方向データフロー

レガシーコードが複雑化する大きな要因のひとつは、データの流れがさまざまな要素で相互に飛び交うことです。Vue.jsなどを利用しコンポーネントベースでアプリケーションを構築していく際は、コンポーネントの親子関係においてデータが親から子への一方通行で流れる形を目指し、親のデータは子からは直接書き換えできないようにしましょう。これによって、子コンポーネントはインタフェースさえ維持すれば、自身より上位のコンポーネントには影響を与えることなく修正が可能となります。また、親コンポーネントも、子コンポーネントに渡すデータさえ正しく構築できていれば自由に内容を変更可能です。もしデータの変更を行う場合は、子コンポーネント側ではイベントの発行のみを行い、それをどう処理するかはすべて親コンポーネント側に委ねます。これは保守性の面でも非常に優れ、テストコードを書く場合にも相性がよいです。やろうと思えば双方向（子から親のデータの書き換えが可能）とすることもできてしまいますが、特別な理由がないかぎりは単方向データフローを構築するように心がけておきましょう。これだけ説明されてもパッとイメージしづらいかと思いますので、次章以降の実践編を参考に、どういった構成になるか確認してみてください。

データの集約

レガシーコードでは、DOM上の属性・API・一時的なローカル変数など、さまざまな場所にデータが散り散りに存在していることが多く、まずはそれらを把握したうえで適切な場所に集約していく必要があるでしょう。一般的には最上位のコンポーネントのdataや、状態管理ライブラリーを利用するなどしてデータを集約します。そこからデータを親から子に流すようにすることで、Vue.jsで管理している領域の配下全体を単方向フローとして構築することができます。

第10章　Vue.js（移行編）

セットアップも完了し、事前知識も整いました。本章では、実際にレガシーフロントエンドコードをVue.jsに段階的に移行していく流れやコツをご紹介します。

10.1　Read/Write/Eventとの対応

第2章でレガシーフロントエンドコードを整理・理解するにあたって、ざっくりRead/Write/Eventに分類できる、と紹介しました。これらをVue.jsのコンポーネントに置き換える場合、どの処理が何に対応するか考えてみましょう。

Read

Read部はdata/computed/その他状態管理など「データ」に相当します。DOM中心アプローチの場合は必要に応じてDOMから参照していましたが、Vue.jsでは必要なデータを常にどこかに保持しておくイメージです。

Write

Write部はテンプレートそのものと、データを変更する処理に相当するでしょう。書き込んでいる内容は事前に宣言的にテンプレートとして定義できます。動的に変化する部分はmethods経由でdataを変更したり、あるいはpropsとして親コンポーネントから受け取ることでコンポーネント化ができます。

Event

Event部は、テンプレート上の該当要素にv-onとmethodsを利用して登録することで同等のことが可能です。なお、DOM中心の場合はイベント実行対象とまったく関係ない要素もイベントハンドラでRead/Writeの対象にできましたが、Vue.jsではコンポーネント単位で責務を閉じながら作っていきます。そういった場合、コンポーネント間はv-on/emitを使うことで対応できるでしょう。

10.2　シンプルなWrite部から切り出す

Read/Write/EventとVue.jsの対応を把握できたとして、それを前提としてVue.jsに置き換えていく場合、どこから手をつけていくとよいでしょうか。

なんとなくRead（DOMからの読み込み）部からが簡単そうに感じますが、すぐに着手可能なのはWrite部（DOMへの書き込み）です。Vue.jsにおけるテンプレートはデータを中心として結果的に描画されるものであるため、逆に考えると適切なデータとテンプレート定義さえ用意できれば、

Vue.jsコンポーネント化が可能といえます。

レガシーコード内においてシンプルなDOMへの書き込みを行っている箇所は、「値に応じてテンプレートを描画する」という処理をしているに過ぎないため、比較的簡単にVue.js化が可能です。また、段階的に移行していく場合、Vue.js化した部分とそうでない部分が共存する期間が発生しますが、Vue.jsが書き込むHTMLをレガシーコードから参照するだけであれば、問題が発生することは少ないです。

コンポーネントへの切り出し

次のような「ボタンをクリックすると入力された氏名を表示する」というコードを元に、実際にWrite部を置き換えるシンプルな例を見てみましょう。

index.html - HTML

```
<input class="firstName" type="text" />
<input class="lastName" type="text" />
<div class="fullName"></div>
<button class="show">show</button>
```

index.js - Vue.js化前のコード

```
import $ from "jquery";

$(".show").on("click", function() {
  var firstName = $(".firstName").val();
  var lastName = $(".lastName").val();

  $(".fullName").text(firstName + lastName);
});
```

図10.1: 動作例

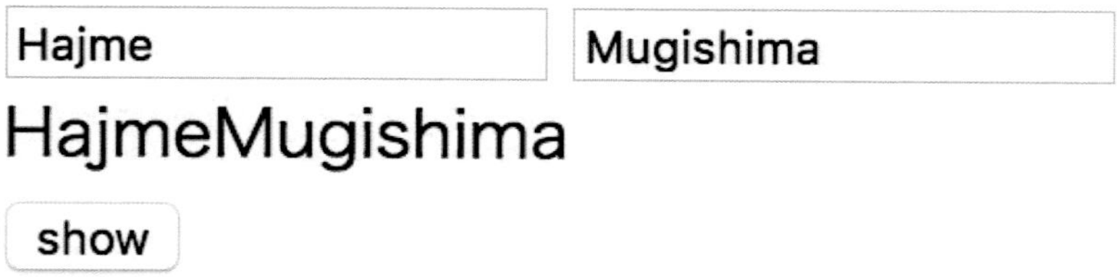

このうち、次の箇所がWrite部にあたります。

Write部に該当する箇所

```
$(".fullName").text(firstName + lastName);
```

これは単純に次のように置き換えられます。

FullName.vue - Write部を切り出したコンポーネント

```
<template>
  <div>{{fullName}}</div>
</template>

<script lang="ts">
import Vue from "vue";

export default Vue.extend({
  data() {
    return {
      firstName: "",
      lastName: ""
    };
  },

  computed: {
    fullName(): string {
      return `${this.firstName}${this.lastName}`;
    }
  }
})
</script>
```

index.js - Vueコンポーネントのマウント

```
import $ from "jquery";
import Vue from "vue";
import FullName from "./FullName.vue";

$(".show").on("click", function() {
  var firstName = $(".firstName").val();
  var lastName = $(".lastName").val();

  // $(".fullName").text(firstName + lastName);
});

new Vue(FullName).$mount(".fullName");
```

一部コメントアウトしている点はすぐ次のセクションで解説しますので、ひとまずスルーしてください。Vue.js DevToolsで見てみると、コンポーネントがマウントされていることや、dataを編集することで正しくレンダリングされることも確認できます。

図10.2: Vue.js DevToolsで確認した例

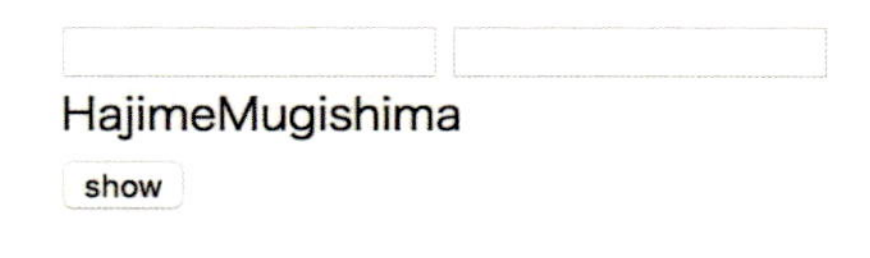

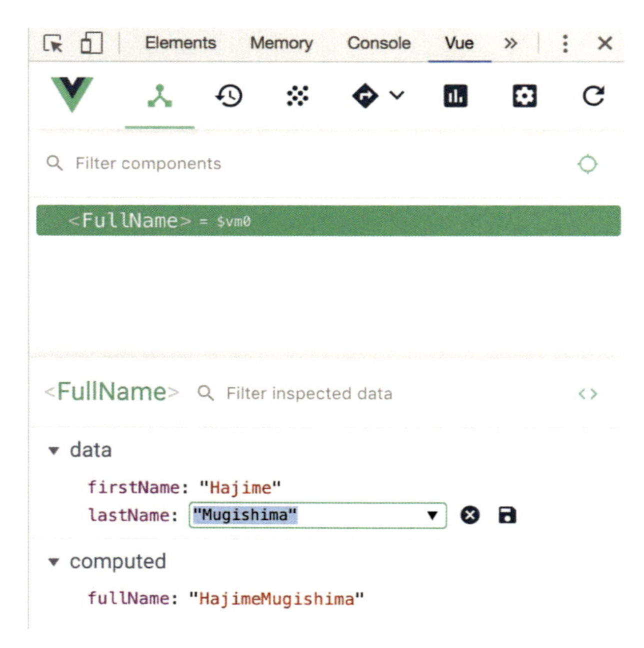

さて、テンプレートに相当する部分を切り出すだけであればこれで完了ですが、実際には入力された氏名をテンプレート上に反映しなければいけません。しかし、データの読み込み元はまだVue.jsへ置き換えておらず、かといって読み込み元も含めてすべてをVue.js化しようとすると一度の変更量が増えてしまいます。どうしたらよいでしょうか？

Vue.jsとレガシーフロントエンドコードとの連携

徐々にVue.jsへ移行していく場合、Vue.js化した部分とレガシーフロントエンドコードが連携できるような工夫が必要となります。たとえばWrite部のみをVue.js化した場合、そこに書き込むデータ管理がDOM依存である間は、DOMの値を何らかの形でVueコンポーネントに通知し、再レンダリングさせなければいけません。さまざまな方法で実現可能ですが、本書では特別なライブラリーを必要とせず、Vue.js単体で対処する方法をご紹介します。

10.3 Publish/Subscribeモデル（EventBus）

ひとつめの方法が、**Publish/Subscribeモデル**による連携です。Observerパターン[1]とも呼ばれます。状態の変更をPublish（出版）側とSubscribe（購読）側としてやり取りすることで、互

1.https://ja.wikipedia.org/wiki/Observer_%E3%83%91%E3%82%BF%E3%83%BC%E3%83%B3

いの存在を知ることなくデータのやり取りが可能となります。これを利用することで、レガシーコード側では取得したデータをもとにイベントを発行（Publish）し、Vue.js側ではリスナーを登録してイベントを購読（Subscribe）することで、結果としてVue.js側からはDOMを操作するコードの存在は知る必要がなく、またレガシーコード側もVueの存在を意識する必要がなくなります。JavaScriptでPublish/Subscribeモデルを実現する方法はいくつか存在し、代表的なものはNode.jsのEventEmitter[2]やjQueryのtrigger[3]などが挙げられますが、Vue.jsだけでもシンプルに同等のことが可能です。`new Vue()`によって得られるVueインスタンスには**$on**と**$emit**というメソッドが用意されており、これを利用することでVueインスタンスをイベントの中心（EventBus）とし、Publish/Subscribeライクな実装が可能になります。

図10.3: Publish/Subscribeでのデータのやり取りのイメージ

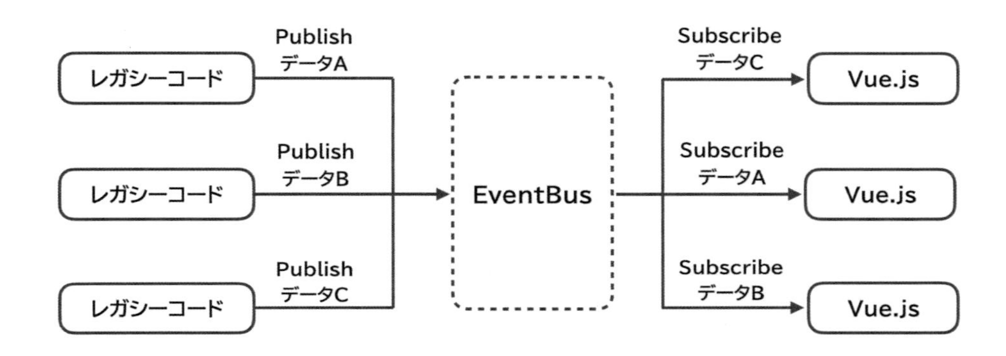

利用するためには、まず次のような内容で`new Vue()`で得られたVueインスタンスをexportするモジュールを作成します。

EventBus.ts

```
import Vue from "vue";

const EventBus = new Vue();

export default EventBus;
```

レガシーコード側では連携したいデータを`$emit`（Publish）します。

連携データを$emitする例

```
import $ from "jquery";
import Vue from "vue";
import FullName from "./FullName.vue";
```

2.https://nodejs.org/api/events.html

3.http://api.jquery.com/trigger/

```
import EventBus from "./EventBus";

$(".show").on("click", function() {
  var firstName = $(".firstName").val();
  var lastName = $(".lastName").val();

  EventBus.$emit("update", { firstName, lastName });
});

new Vue(FullName).$mount(".fullName");
```

そして、Vue.jsコンポーネント側では発行されるデータを$onで購読（Subscribe）します。$onを実行するタイミングはVue.jsコンポーネントのインスタンスが生成されたタイミングや、マウントされたタイミングがよいでしょう。これらは「ライフサイクルフック[4]」としてVue.jsがAPIとして提供しています。

連携データを$onで受け取る例

```
<template>
  <div>{{fullName}}</div>
</template>

<script lang="ts">
import Vue from "vue";
import EventBus from "./EventBus";

export default Vue.extend({
  data() {
    return {
      firstName: "",
      lastName: ""
    };
  },

  mounted() {
    EventBus.$on("update", (payload) => {
      this.firstName = payload.firstName;
      this.lastName = payload.lastName;
    });
  },
```

4.https://jp.vuejs.org/v2/api/#オプション-ライフサイクルフック

```
  computed: {
    fullName(): string {
      return `${this.firstName}${this.lastName}`;
    }
  }
})
</script>
```

これで、Vue.jsコンポーネント側からは「データを管理・更新しているのが誰かは知らないが、更新を送出されたらデータを更新して再レンダリングする」という仕組みが実現できました。Vue.js側からは相手がレガシーコードかどうかは意識する必要がないため、EventBusの`$emit`部のみ維持すればPublish側を違うコードに差し替えることもできます。また、EventBusではVue.jsコンポーネント側から`$emit`を発行し、レガシーコード側で`$on`で受け取るような逆向きの連携も可能です。非常に手軽かつすぐに利用できるため、ちょっとした連携が必要な場合には役立つことでしょう。

EventBusは一時的な措置

EventBusを使うと気軽にVue.jsと外部の橋渡しができてとても便利ですが、本来Vue.jsで取り扱うデータは、相応の場所で集中管理されていることが望ましいです。本質的にはグローバル依存とそれほど変わりありませんので、EventBusに依存するVue.jsのコンポーネントをむやみに作成すると影響範囲が読みづらくなるため、無計画に利用するのは避けるべきでしょう。EventBusの利用はレガシーフロントエンドコード改善のための一時的な措置であると割り切り、最終的にはVue.js内部で完結する形が理想であることを意識しておきましょう。

10.4 Vue.observable

EventBusとは異なるもうひとつの連携方法が、Vue.jsバージョン2.6から追加された**Vue.observable**を利用する方法です。

・https://jp.vuejs.org/v2/api/#Vue-observable

EventBusはレガシーフロントエンドコードからVue.js側へ「データを渡す」というアプローチでしたが、Vue.observableは「データを管理する」というアプローチです。

Vue.observableに任意のオブジェクトを渡すと、Vue.jsと連携可能なオブジェクトが生成され、このオブジェクトはVue.jsコンポーネント内のcomputedで直接参照可能です。さらに、任意の箇所でimportすることで自由に変更可能で、変更されたタイミングで、参照しているcomputedを保持するすべてのVue.jsコンポーネントの再レンダリングを実行させることができます。

段階的に移行しつつデータを集約する

Vue.jsへの移行時におけるVue.observableの最大の利点は、「Vue.observableで生成したオブジェクトに状態が集約する」という点です。最終的に単方向フローを構築するのが理想ですが、そのためには必要なデータが最上位のコンポーネントに集約されている必要があります。Vue.observableを利用する段階的な移行では、移行しつつ徐々にVue.observableが生成したオブジェクトにすべてのデータが集まります。「移行のためのデータの連携」と「理想形のためのデータ集約」が一度に完了するため効率がよいです。

利用時は、まずVue.observable経由でデータの集約対象（＝データストア）となるオブジェクトを生成するモジュールを作ります。

Store.ts - Vue.observable経由でのデータストア生成

```
import Vue from "vue";

const store = Vue.observable({
  firstName: "",
  lastName: ""
});

export default store;
```

レガシーコード側では、importしたデータストアに対しデータを書き込みます。書き込む際に特別なメソッドの呼び出しなどは必要なく、単純にオブジェクトを更新するだけでOKです。

index.js - Vue.observableを利用したデータ書き込み

```
import $ from "jquery";
import Vue from "vue";
import FullName from "./FullName.vue";
import store from "./Store";

$(".show").on("click", function() {
  var firstName = $(".firstName").val();
  var lastName = $(".lastName").val();

  store.firstName = firstName;
  store.lastName = lastName;
});

new Vue(FullName).$mount(".fullName");
```

そしてVueコンポーネントでは、importしたデータストアの内容をcomputed経由で参照します。

こちらも特別な処理は不要で、オブジェクトのプロパティをそのまま参照します。

FullName.vue - Vue.observableを利用したデータ参照

```
<template>
  <div>{{fullName}}</div>
</template>

<script lang="ts">
import Vue from "vue";
import store from "./Store";

export default Vue.extend({
  computed: {
    fullName(): string {
      return `${store.firstName}${store.lastName}`;
    }
  }
})
</script>
```

なんとこれだけで動作するようになります。魔法のような挙動ですが、Vue.js内部の「リアクティブ」という仕組みによって実現されています。Vue.observableのメリットは、非常にシンプルでありVue.js単体で完結することです。同様のことは専用の状態管理ライブラリーでも可能ですが、導入するにはやや機能が多すぎる・重たすぎると感じてしまうことも多々あります。一方Vue.observableでは特別な準備を必要とせず、ただオブジェクトの変更・参照で済むため理解も簡単で、全体的に手軽に導入することができます。Vue.observableの問題点を挙げるとすれば、それはバージョン2.6からしか利用できないという点でしょう（2.6がリリースされたのは2019年2月5日です）。すでに古いバージョンのVue.jsが部分導入されている場合などは、まずはバージョンアップから行う必要があります。しかし、レガシーフロントエンドの改善においては非常に強力なAPIですので、可能であれば利用を検討するとよいでしょう。

Vue.observableを安全に使う

Vue.observableは手軽かつ強力で、移行時も役に立つでしょう。しかし、どこからでも簡単にデータを変更できるため、影響箇所が読みづらくなったり、あるいは変更処理の修正をしづらくなったりと「手軽である」がゆえの問題が生じます。少し工夫することで安全に利用することができるため、併せて知っておくとよいでしょう。

変更をメソッド経由にする

まず、Vue.observableで作成したデータストアの直接の変更は避け、exportしたメソッド経由でのみ許可するとよいでしょう。これにより、変更している箇所が明示的になりますし、設定前に何らかのデータ加工を行う場合もメソッド内で対応でき、かつ変更が必要となってもメソッド内で吸収できます。

index.js - 書き込みをメソッドに切り出す

```
import Vue from "vue";

const store = Vue.observable({
  firstName: "",
  lastName: ""
});

export const mutations = {
  updateName(firstName: string, lastName: string) {
    store.firstName = firstName;
    store.lastName = lastName;
  }
};

export default store;
```

storeへ値を設定する箇所をmutationsというオブジェクトに切り出しました。変更が必要な場合はこのオブジェクトをimportし、メソッドを実行します。

index.js - メソッド経由でデータストアに書き込む

```
import $ from "jquery";
import Vue from "vue";
import FullName from "./FullName.vue";
import { mutations } from "./Store";

$(".show").on("click", function() {
  var firstName = $(".firstName").val();
  var lastName = $(".lastName").val();

  mutations.updateName(firstName, lastName);
});

new Vue(FullName).$mount(".fullName");
```

これで、明示的に変更箇所を切り分けることができました。

TypeScriptでデータストアを保護する

メソッドに切り出すことで、ある程度安全にすることはできましたが、データストアそのものが保護されているわけではないので、importして変更することは引き続き可能です。

```
import store, { mutations } from "./Store";

...

// この方法で更新してほしいが...
mutations.updateName(firstName, lastName);

// 直接書き換えもできてしまう
store.firstName = "yeah!!";
```

つまり、安全さを維持するためには開発者自身が注意しなければならず、複数人でコードに手を入れる場合には周知しきれなかったり、知っていてもうっかり変更するコードを入れてしまう可能性があります。ある程度注意すれば防げるので、諦めて許容してしまうのもひとつの選択肢ですが、もしも対処したい場合、参照自体もメソッド経由としてしまい、ストアを外部から見せなくする方法があります。

Store.ts - 参照をgettersとして定義する例

```
export const getters = {
  firstName() {
    return store.firstName;
  },
  lastName() {
    return store.lastName;
  },
};

// store自体はexportしない
// export default store;
```

この方法でもよいですが、ひとつ欠点があります。**gettersを定義するのがめんどくさい**のです。ストアが管理するデータが少なければよいですが、大きくなってくるとそれだけ参照用のメソッドが増えていきます。それをひとつひとつ定義していくのはさすがに手間に感じることでしょう。そこで別のアプローチとして、TypeScriptの型情報を利用して保護する方法が利用できます。TypeScriptではいくつかの組み込み型が提供されており、そのひとつである`Readonly`型を使うと、特定のオブジェクト型からすべてのプロパティがreadonly（読み込みのみ）である別の型を作成できます。強制的にこの型としてexportすることで、TypeScriptの型チェックが通る限りはimport側での変更は不可となります。

Store.ts - Readonlyでデータストアを保護する例

```
import Vue from "vue";

const store = Vue.observable({
  firstName: "",
  lastName: ""
});

export const mutations = {
  updateName(firstName: string, lastName: string) {
    store.firstName = firstName;
    store.lastName = lastName;
  }
};

export default store as Readonly<typeof store>;
```

import箇所がTypeScriptであれば、変更しようとした場合には型チェックエラーとなります。なお、Readonly型はネストしたオブジェクトには効力を発揮しないので注意してください（別途、独自で型定義を追加すれば防ぐことは可能です）。

図10.4: Readonlyにより変更が型チェックエラーとなった例

```
import store, { mutations } from "./Store";

        (property) firstName: string
        Cannot assign to 'firstName' because it is a read-only
        property. ts(2540)
        クイック フィックス...   問題を表示
store.firstName = "yeah!!";
```

この方法であれば、手軽さを失わずにデータストアの予測しない場所での変更をある程度防ぐことができます。ただ、もちろん一時的にany型の変数に代入するなど、いくらでも型チェックをすり抜ける方法は存在します。不安が大きいようであれば参照をgettersとして定義するなどして、データストアは公開しないほうがよいでしょう。このあたりは厳密な保護と手軽さのバランスを見た上で、チームが重視するものも考慮しての判断が必要となります。

10.5 Vuex

Vue.jsでもっともメジャーな状態管理ライブラリーである**Vuex**を利用してVue.jsとレガシーコー

ド間を連携させる方法もあります。

・https://vuex.vuejs.org/

Vue.observableは手軽であると同時に自由性が高く、複雑な状態管理を構築しようと思うと独自実装が必要となります。一方Vuexでは状態管理におけるデータ参照や書き込みの方法がライブラリー側で定められているため、Vue.observableと比べると秩序のある状態管理を実装することができます。また、モジュールという単位で巨大なストアを一定のルールで分割することもできるため、たとえば「SPAを構築時にページごとの状態を別で管理する」といったことが柔軟に行なえます。Vuexを利用するためにはパッケージの追加が必要です。

```
$ npm install vuex
```

Vuexのストアデータを宣言します。

Store.ts - Vuexストア

```
const state = {
  firstName: "",
  lastName: ""
};

type State = typeof state;

const getters = {
  fullName(state: State) {
    return `${state.firstName}${state.lastName}`;
  }
};

const mutations = {
  updateFirstName(state: State, firstName: string) {
    state.firstName = firstName;
  },
  updateLastName(state: State, lastName: string) {
    state.lastName = lastName;
  }
};

export default { state, getters, mutations };
```

そしてこのストアデータをもとにVuexデータストアを構築し、コンポーネントのマウント時に流し込みます。

index.js - Vuexストアを利用

```
import $ from "jquery";
import Vue from "vue";
import Vuex from "vuex";
import storeData from "./Store";
import FullName from "./FullName.vue";

Vue.use(Vuex);
const store = new Vuex.Store(storeData);

$(".show").on("click", function() {
  var firstName = $(".firstName").val();
  var lastName = $(".lastName").val();

  store.commit("updateFirstName", firstName);
  store.commit("updateLastName", lastName);
});

new Vue({ store, render: h => h(FullName) }).$mount(".fullName");
```

マウント時にVuexストアを渡されたコンポーネント配下では、自由にVuexストアを利用できます。

FullName.vue - Vuexストアからデータを取得

```
<template>
  <div>{{fullName}}</div>
</template>

<script lang="ts">
import Vue from "vue";
import { mapGetters } from "vuex";

export default Vue.extend({
  computed: {
    ...mapGetters(["fullName"])
  }
})
</script>
```

Vuexは次の4つの概念で状態管理を行います。

- State - 状態
- Getters - 状態の参照
- Mutations - 状態の変更
- Actions - 状態の変更以外の処理（非同期処理など）

これによって、独自で作成した状態管理とは異なり、ある程度規則的に書いていくことができます。「Vuexで書いています」というだけで説明が終わるので、他のメンバーへの情報共有なども比較的容易でしょう。また、VuexはVue.js DevToolsにも対応しており、現在のStateの状態・適用されたMutationなどを確認できます。Stateの状態を遡ったりすることも可能なので、開発時の強い味方となります。

図10.5: Vue.js DevToolsでVuexの状態を確認した例

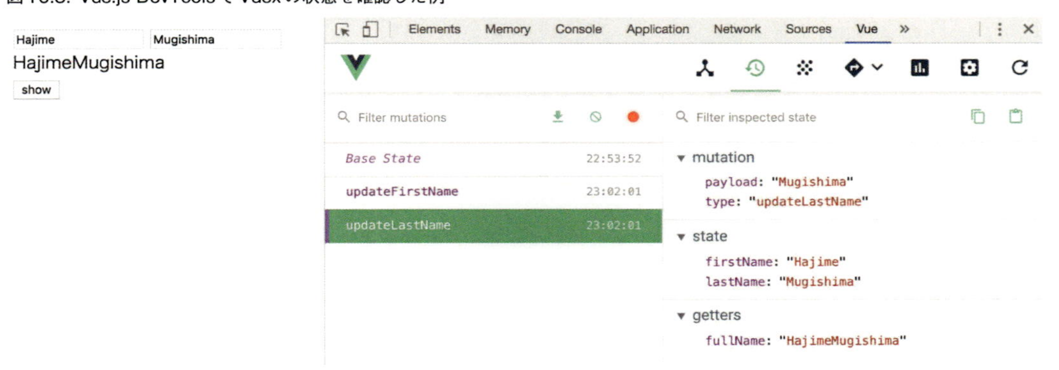

Vuexを使うかどうか

Webや書籍でVue.jsでのアプリケーション構築の情報を調べていると、Vuexを一緒に使っている例を多く見つけることができるでしょう。実際ある程度の規模になると、Vuexでの秩序ある状態管理で受けられる恩恵は大きくなってきます。しかしその反面、実装時にある程度のコストも発生し、かつ一度導入すると簡単には外せません。また、状態管理そのものの設計はアプリケーション全体を把握していないと難しいものがあり、特にレガシーフロントエンドからの改善作業と状態管理の設計を並行して行うのは非常に大変な作業となるでしょう。

最初から将来的にVuexを利用することが想定される場合には導入を検討するのもよいですが、規模がそれほど大きくない・どうしたらいいかわからないといった場合においては、Vue.observableを利用した簡易的なデータ集約に留め、まずレガシーフロントエンドから脱却することを目指すほうが安全です。ひととおりVue.jsへの移行が完了すればアプリケーションの全体像もハッキリしますので、その時点で改めてVuexの導入を検討しても遅くはないでしょう。

10.6 DOMをデータで表現する

Vue.jsへ置き換えていくためには、動的に変化する部分はすべてデータとして抽出していくことになります。データをそのままテンプレートに描画するだけのものであれば迷いは少ないですが、慣れないうちは多くのケースでどう表現したらよいか悩みます。よくある「レガシーコードをVue.jsとデータ中心で表現したらどうなるか」の例を確認してみましょう。

入力フォーム

Vue.jsに慣れていないうちに悩みがちなのが入力フォームの取り扱いでしょう。シンプルなテキスト入力で確認してみます。

```
<input class="firstName" type="text" />
```

このフォームは当然ですが、文字を入力できます。DOM中心のアプローチにおいては、入力値を利用したければDOM操作API経由で取得します。これは次のような状態です。

- 入力時に直接変化するもの：DOMのinput要素
- 値を持っているもの：DOMのinput要素
- DOMの変更方法：入力で直接変更
- データの取得方法：DOMから値を取得

つまり「入力フォームに入力する＝入力フォームの値が変化する」というわけです。何を当たり前のことを……？と思うかもしれませんが、データ中心の場合は「入力フォームに入力する＝管理するデータが変化する→結果として入力フォームの表示が変化する」と考えた方が理解しやすくなります。思考の切り替えが必要となるでしょう。Vue.observableのデータストアでデータを管理する想定で、Vue.jsコンポーネントに置き換えると次のようなイメージです。

データ中心に作り変えた入力フォーム

```
<template>
  <input
    :value="value"
    @input="input($event.target.value)"
    class="firstName"
    type="text"
  />
</template>

<script lang="ts">
import Vue from "vue";
import store, { mutations } from "./Store";
```

```
export default Vue.extend({
  computed: {
    value() {
      return store.firstName;
    }
  },
  methods: {
    input(value: string) {
      mutations.updateFirstName(value);
    }
  }
})
</script>
```

`:value`と`@input`で入力フォームとデータを連携している点がポイントです。データストアを正として、inputタグは値も含めてVue.jsによって描画されるような動作になります。これは次のように表現できます。

・入力時に直接変化するもの：データ自体を変更
・値を持っているもの：Vueコンポーネントや状態管理専用のオブジェクト
・DOMの変更方法：Vue.jsがレンダリング
・データの取得方法：データ自体が常に参照可能

連続した類似要素

似たようなDOM要素が複数連続して必要となることもあるでしょう。たとえば、文書の明細行かもしれませんし、参加者の一覧かもしれません。さらに、要素の増減があることも考えられます。次のコードを例に見てみましょう。

要素の増減があるHTMLの一部

```
<button class="add">Add</button>
<div class="colors"></div>
```

要素の増減を行うスクリプト

```
import $ from "jquery";

$(".add").on("click", () => {
  const r = Math.floor(Math.random() * 255);
  const g = Math.floor(Math.random() * 255);
  const b = Math.floor(Math.random() * 255);
```

```
  const color = $("<div>");
  color.attr("style", `
    background: rgb(${r},${g},${b});
    width: 120px;
    height: 30px;
  `).text(`${r},${g},${b}`)

  $(".colors").append(color);

  color.on("click", () => {
    color.remove();
  })
});
```

「Add」ボタンをクリックするたびにランダムな色の要素を追加し、追加された要素はクリックすることで削除されます。

図10.6: 要素の増減を行うコードの動作例

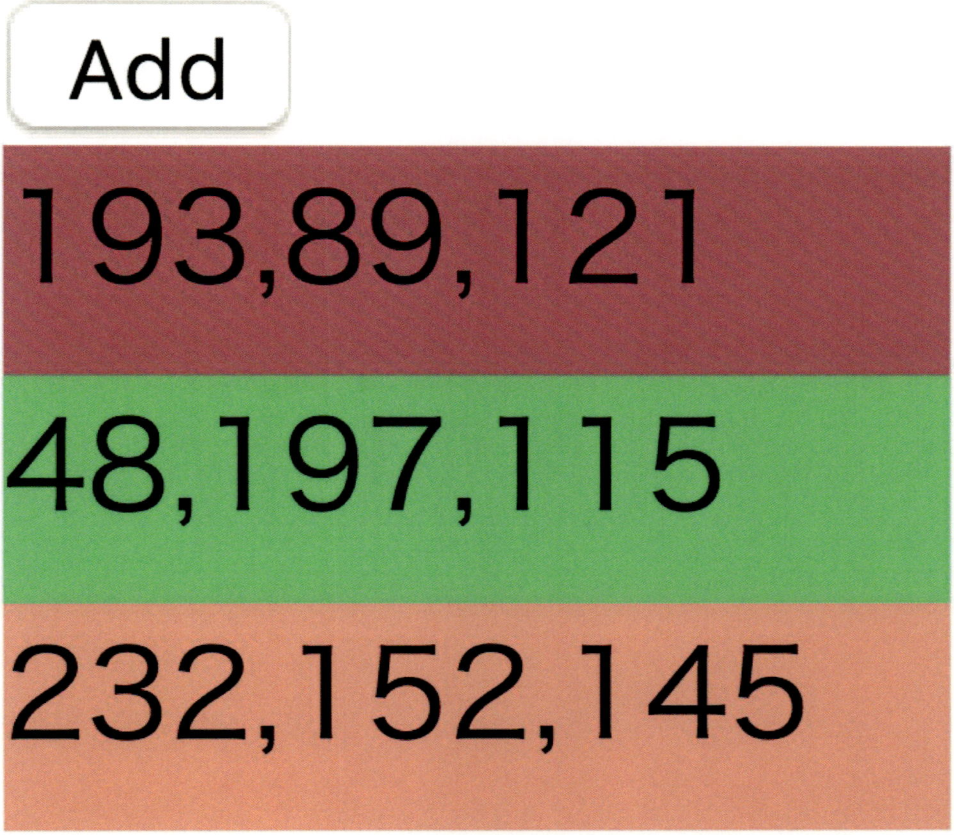

Add

193,89,121

48,197,115

232,152,145

このような類似要素が並ぶケースは、データ上はリストで保持することで表現できます。要素の追加・削除は、リストからデータとして追加・削除を行えばOKです。Vue.observableでデータストアを構築すると、次のようなイメージでしょう。

Store.ts - 要素の増減を管理するデータストア

```
import Vue from "vue";

type Color = {
  r: number,
  g: number,
  b: number,
  style: object
};

const store = Vue.observable({
```

```
  colors: [] as Color[]
});

export const mutations = {
  add() {
    const r = Math.floor(Math.random() * 255);
    const g = Math.floor(Math.random() * 255);
    const b = Math.floor(Math.random() * 255);

    store.colors.push({
      r, g, b,
      style: {
        background: `rgb(${r},${g},${b}`,
        width: "120px",
        height: "30px",
      }
    });
  },

  remove(index: number) {
    store.colors.splice(index, 1);
  }
};

export default store as Readonly<typeof store>;
```

要素の追加時は、直接DOMに書き込んでいたデータをリストに追加しています。削除時も受け取ったインデックスの要素をリストから除去しているのみです。これを利用してコンポーネント側でレンダリングします。

ColorList.vue - 要素の増減を取り扱うコンポーネント

```
<template>
  <div class="colors">
    <div
      v-for="(color, index) in colors" :key="index"
      :style="color.style"
      @click="remove(index)"
    >{{color.r}},{{color.g}},{{color.b}}</div>
  </div>
</template>
```

```
<script lang="ts">
import Vue from "vue";
import store, { mutations } from "./Store";

export default Vue.extend({
  computed: {
    colors() {
      return store.colors;
    }
  },
  methods: {
    remove(index: number) {
      mutations.remove(index);
    }
  }
})
</script>
```

リストをVue.jsのテンプレートで取り扱う際は`v-for`を利用することで、対応するリストの要素数増減に応じて再レンダリングされるようになります。また、たとえば要素の数を知りたい場合などは、変更前はDOMの数をカウントして取得する必要がありましたが、変更後は単純にデータストア上のリストの長さ（`length`）を取得するだけで可能となります。

あとは、ボタンクリック時にはデータストアを変更し、かつ新たに作成したコンポーネントをマウントするように既存コードを変更します。

要素の増減部をVue.jsに差し替えた既存コード

```
import $ from "jquery";
import Vue from "vue";
import ColorList from "./ColorList.vue";
import { mutations } from "./Store";

$(".add").on("click", () => {
  mutations.add();
});

new Vue(ColorList).$mount(".colors");
```

これで、ボタン部分のレンダリングは変更することなく、リスト描画部分のみをVueコンポーネントとして切り出すことができました。

表示・非表示の切り替え

何らかのタイミングでDOM要素の表示・非表示を制御するコードもよく目にします。たとえばモーダルの表示などが考えられます。

modal.html - モーダル表示用のHTML

```
<!DOCTYPE html>
<html>
<head>
  <style>
    .modal {
      position: fixed;
      top: 50px;
      left: 50px;
      display: none;
      border: 2px solid black;
    }
  </style>
</head>
<body>
  <button class="show">表示</button>
  <div class="modal">
    <div>モーダルです</div>
    <button class="hide">閉じる</button>
  </div>
  <script src="./index.js"></script>
</body>
```

```
</html>
```

index.js - モーダル表示を切り替えるスクリプト

```
import $ from "jquery";

$(".show").on("click", () => {
  $(".modal").show();
});

$(".hide").on("click", () => {
  $(".modal").hide();
});
```

図10.7: 動作例

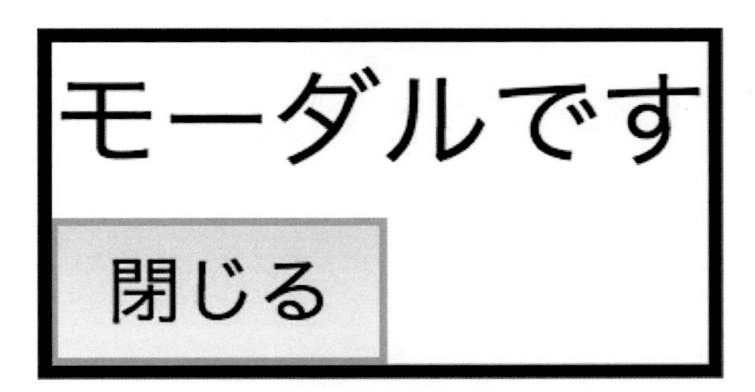

入力フォームなどの場合であれば「入力値」そのものがデータなのでわかりやすいですが、表示・非表示に関しては「表示されているかどうか」をデータとして取り扱う必要があります。これはtrue/falseのBoolean値として管理するのが一般的です。データストアを作ると次のようなイメージです。

Store.ts - モーダルの表示状態を管理するデータストア

```
import Vue from "vue";

const store = Vue.observable({
```

```
  showModal: false
});

export const mutations = {
  show() {
    store.showModal = true;
  },
  hide() {
    store.showModal = false;
  }
};

export default store as Readonly<typeof store>;
```

モーダル部をコンポーネントとして切り出します。

Modal.vue - モーダルコンポーネント

```
<template>
  <div class="modal" v-show="show">
    <div>モーダルです</div>
    <button class="hide" @click="hide">閉じる</button>
  </div>
</template>

<script lang="ts">
import Vue from "vue";
import store, { mutations } from "./Store";

export default Vue.extend({
  computed: {
    show() {
      return store.showModal;
    }
  },
  methods: {
    hide() {
      mutations.hide();
    }
  }
})
</script>
```

要素の表示・非表示を切り替える際は、v-ifあるいはv-showを利用します。違いとしては、v-ifの場合は要素自体の存在を制御するため、false時はDOM自体が存在せず、trueとなった時点ではじめてDOMが追加されます。一方v-showの場合は、常に要素自体は存在している状態となりますが、true/falseに応じてスタイルが切り替わり「見た目上」の表示が変化します。レンダリング量が小さくなるぶんv-showのほうが変化時のパフォーマンス面で優れますが、子コンポーネントが存在する場合は破棄されずに残り続けるなどの問題が起きることもあるため、必要に応じてv-ifと適宜使い分けが必要です。

あとは、既存コード上でコンポーネントが利用できるように若干の修正を加えれば完了です。

index.js - モーダル部をVue.jsに差し替えた既存コード

```
import $ from "jquery";
import Vue from "vue";
import Modal from "./Modal.vue";
import { mutations } from "./Store";

$(".show").on("click", () => {
  mutations.show();
});

new Vue(Modal).$mount(".modal");
```

modal.html - Vueコンポーネント利用に伴う変更を加えたHTML

```
<!DOCTYPE html>
<html>
<head>
  <style>
    .modal {
      position: fixed;
      top: 50px;
      left: 50px;
      /* display: none; */
      border: 2px solid black;
    }
  </style>
</head>
<body>
  <button class="show">表示</button>
  <div class="modal"></div>
  <script src="./index.js"></script>
</body>
</html>
```

これでモーダルの表示状態をデータで管理しつつ、Vueコンポーネントへの切り替えが完了しました。Vue.jsに書き換えるためには表示・非表示状態のようにパッと見ではわからないようなものも「データとして表現したらどうなるか？」を考えながら進めていくとよいでしょう。

10.7 切り出したコンポーネントに親子関係を作る

ここまで紹介してきたものは、できる限り修正による影響範囲を抑えつつ、徐々に小さい範囲でVueコンポーネントとして切り出していくためのテクニックです。しかし、これで実現可能なのは「ひとまずVue.jsに置き換える」という段階までです。Vue.jsに移行したあとも安全な状態を維持するためには、「9.2 目指すべき理想構成」に挙げたような姿を目指した方がよいでしょう。たとえばVue.observableを利用して段階的なVue.js化を進めた場合、最終的には多くのコンポーネントが共通のデータストアに依存した形となってしまいます。

図10.8: コンポーネントがデータストアに依存しているイメージ

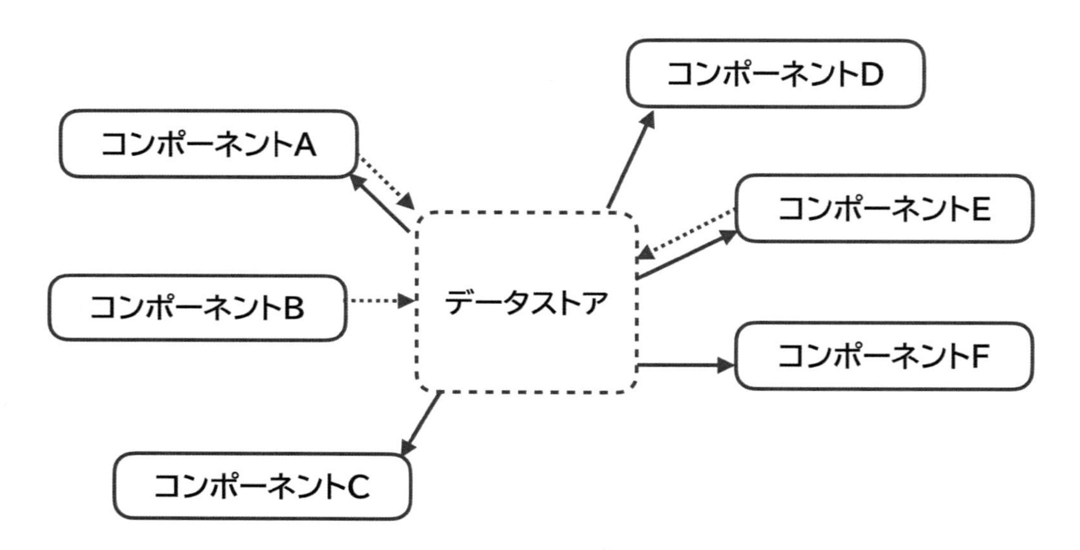

Vue.jsになったことでテンプレートが宣言的になり、レガシーコードと比較すれば遥かに見通しはよくなりますが、データストア自体に変更があった場合には広範囲が影響を受けてしまいます。そのため、最終的にはデータストアに依存するコンポーネントはできるだけ減らし、シンプルな描画のみのコンポーネントについては、必要なデータは親コンポーネントからプロパティとして受け取る形にしていきましょう。

図10.9: データストアへの依存を減らし親子関係を構築したイメージ

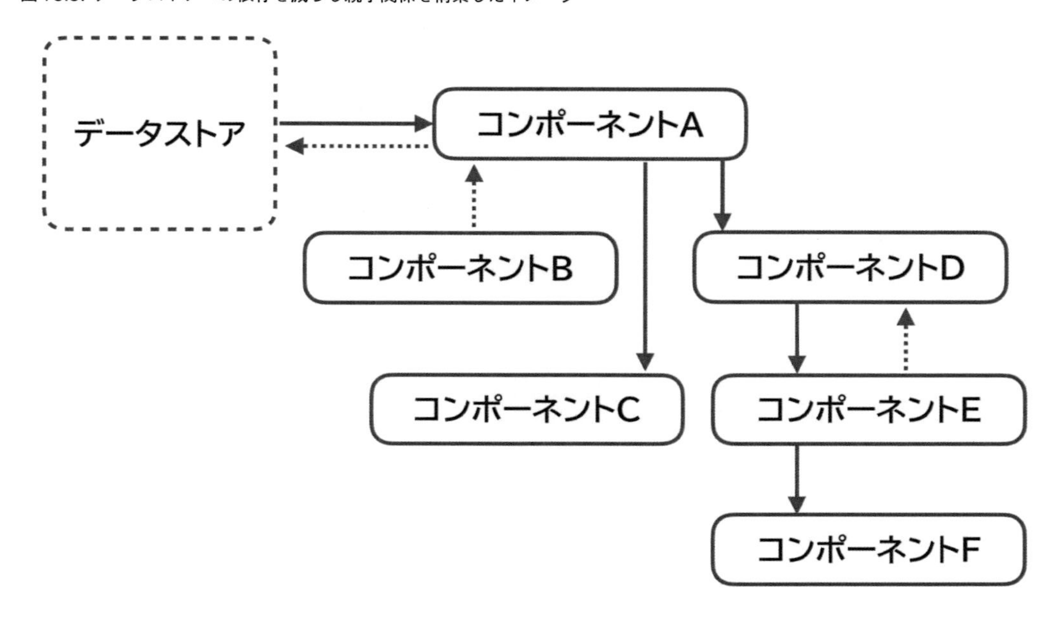

10.8 実践編：Vue.js（移行編）

それではここまでの内容を踏まえ、実際にサンプルTODOアプリケーションを徐々にVue.js化してみましょう！

テストコードについて

コード修正を進める際、都度第4章で作成したテストコードを実行してレガシーコードからの挙動を壊していないことを確認できますが、HTMLベースのスナップショットテストに関しては頻繁に大きな差分が発生します。そのため、基本的には「テストを実行」という記述が登場した場合には、次のコマンドを実行しE2Eテストとビジュアルリグレッションテストがパスすることを確認してください。

```
$ npm test
```

`npm run test:all`によってHTMLベースのスナップショットテストを含めて実行しても問題はありませんが、Vue.jsに置き換えることでどういった差分が出るのかを参考として見る程度にとどめておき、確認後はスナップショットを更新してしまってかまいません。

Write部の切り出し

まずはシンプルなWrite部をVueコンポーネントに切り出していきましょう。サンプルTODOアプリケーション内では「次のTODO」の部分から始めるとよいでしょう。既存コード内での該当部は次の箇所です。

js/writer.ts

```
import $ from "jquery";

export const writeNextTodo = nextTodoText => {
  $("#nextTodo").text(`次のTODO: ${nextTodoText}`);
};

export const writeTodoCount = count => {
  $("#todoCount").text(`(全${count}件)`);
};

...
```

index.html

```
...
<span id='nextTodo'></span>
<span id='todoCount'></span>
...
```

style.css

```
...

#nextTodo {
  font-weight: bold;
  font-size: 1.2rem;
}

#todoCount {
  font-size: 0.8em;
}
```

これを、`NextTodo.vue`と`TodoCount.vue`というコンポーネントで置き換えます。動的に変化する部分はcomputedに定義しておいて、ひとまずダミーの値を入れておきましょう。

js/NextTodo.vue（新規追加）

```
<template>
  <span id="nextTodo">次のTODO: {{nextTodoText}}</span>
</template>
```

```
<script lang="ts">
import Vue from "vue";

export default Vue.extend({
  computed: {
    nextTodoText() {
      return ""; // dummy
    }
  }
});
</script>

<style scoped>
span {
  font-weight: bold;
  font-size: 1.2rem;
}
</style>
```

js/TodoCount.vue（新規追加）

```
<template>
  <span id="todoCount">(全{{count}}件)</span>
</template>

<script lang="ts">
import Vue from "vue";

export default Vue.extend({
  computed: {
    count() {
      return 0; // dummy
    }
  }
});
</script>

<style scoped>
span {
  font-size: 0.8em;
}
</style>
```

ではこのコンポーネントを今までのタグの代わりにレンダリングしてみましょう。js/mount.tsというファイルを作成してHTMLからロードします。

js/mount.ts（新規追加）

```
import Vue from "vue";
import NextTodo from "./NextTodo.vue";
import TodoCount from "./TodoCount.vue";

new Vue(NextTodo).$mount("#nextTodo");
new Vue(TodoCount).$mount("#todoCount");
```

js/script.ts（importの追加と不要コードの削除）

```
import "./mount";
import $ from "jquery";
import { readData } from "./reader";
import { toggleTodoList, toggleTodoEmpty, removeTodo, addTodo } from "./writer";

/* eslint-disable func-names */
function updateAll() {
  const { count, nextTodoText } = readData();

  toggleTodoList(count);
  toggleTodoEmpty(count);
}

...
```

不要となったコードも削除しておきましょう。

js/writer.ts

```
import $ from "jquery";

/* ここから削除 */
export const writeNextTodo = nextTodoText => {
  $("#nextTodo").text(`次のTODO: ${nextTodoText}`);
};

export const writeTodoCount = count => {
  $("#todoCount").text(`(全${count}件)`);
};
/* ここまで削除 */
...
```

css/style.css

```
...

.todo input {
  width: 80%;
}

/* ここから削除 */
#nextTodo {
  font-weight: bold;
  font-size: 1.2rem;
}

#todoCount {
  font-size: 0.8em;
}
/* ここまで削除 */
```

webpackビルドを実行してからindex.htmlを開き、Vue.js DevToolsで確認してみると、コンポーネントがレンダリングされていることを確認できます。

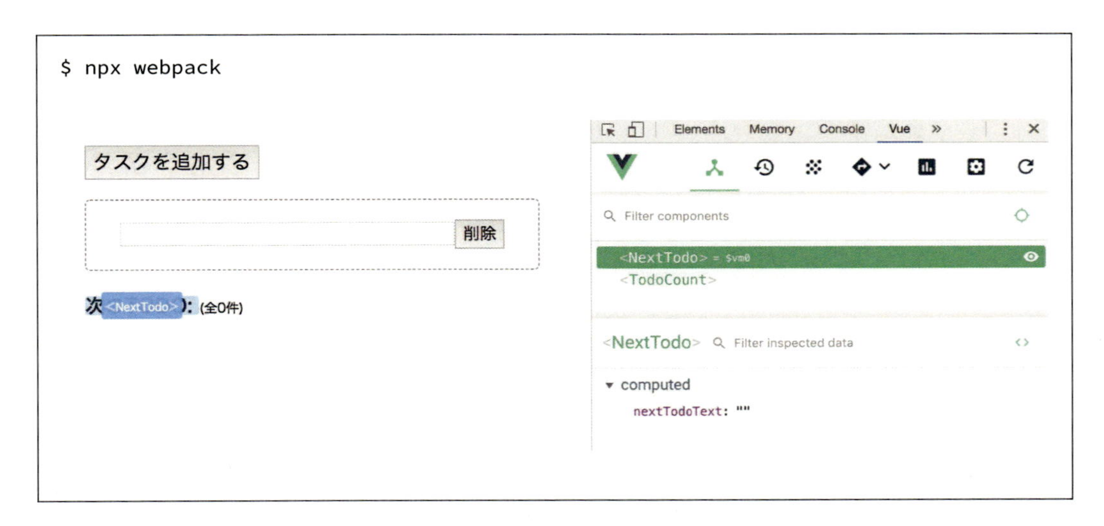

ひとまず単純なレンダリングだけであればVue.jsに置き換えることができました。次は、レガシーフロントエンドコード側の挙動に応じて適切にVue.jsが再レンダリングされるようにしましょう。

Vue.observableデータストアの作成

データを連携するために今回はVue.observableによるデータストアを利用します。`js/Store.ts`というファイルを作成しましょう。

js/Store.ts（新規追加）

```
import Vue from "vue";

const store = Vue.observable({
  nextTodoText: "",
  todoCount: 0
});

export const mutations = {
  updateNextTodoText(nextTodoText: string) {
    store.nextTodoText = nextTodoText;
  },
  updateTodoCount(todoCount: number) {
    store.todoCount = todoCount;
  }
};

export default store as Readonly<typeof store>;
```

レガシーコード側では、DOMからReadした値をStoreに書き込みます。

js/script.ts（Storeへ書き込み）

```
import "./mount";
import $ from "jquery";
import { readData } from "./reader";
import { toggleTodoList, toggleTodoEmpty, removeTodo, addTodo } from "./writer";
import { mutations } from "./Store";

/* eslint-disable func-names */
function updateAll() {
  const { count, nextTodoText } = readData();

  mutations.updateNextTodoText(nextTodoText as string);
  mutations.updateTodoCount(Number(count));

  toggleTodoList(count);
  toggleTodoEmpty(count);
}

...
```

このとき`nextTodoText as string`や`Number(count)`としているのは、DOMから取得する値の型がTypeScriptで解析する時点では不確定なためです。現実的には文字列や数値以外が取得されることはないので、強制的にstring型とみなす、あるいはnumber型への変換を通すことでチェックをパスしています。

続いてVueコンポーネント側では、computedからStoreの値を参照します。

js/NextTodo.vue（データストアの参照を追加）

```
<template>
  <span id="nextTodo">次のTODO: {{nextTodoText}}</span>
</template>

<script lang="ts">
import Vue from "vue";
import store from "./Store";

export default Vue.extend({
  computed: {
    nextTodoText() {
      return store.nextTodoText;
    }
  }
});
</script>
...
```

js/TodoCount.vue（データストアの参照を追加）

```
<template>
  <span id="todoCount">(全{{count}}件)</span>
</template>

<script lang="ts">
import Vue from "vue";
import store from "./Store";

export default Vue.extend({
  computed: {
    count() {
      return store.todoCount;
    }
  }
});
```

```
</script>
...
```

これで、Write部の一部をVue.jsコンポーネントに置き換え、かつVue.jsコンポーネント側からは「いつ誰がデータを更新するかは知らないが、データが更新されたら再レンダリングする」という仕組みが実現できました。さて、画面で触ってもちゃんと動作するような感じがありますが「本当に正しいか？」「挙動を壊していないか？」は不安になりますね。そこで、事前に用意したテストを実行してみましょう。

```
$ npx webpack
$ npm test
```

E2Eテストとビジュアルリグレッションテストがパスすれば OK です。わずか1コマンドを実行するだけで、部分的にVue.jsコンポーネントに置き換えた後でも

・挙動は壊しておらずユーザの体験は変わっていない
・見た目上も変化がない

ということを確認することができました。テストが事前に用意してあることの心強さが体験できたのではないでしょうか。

では次は「Todoが空の場合の表示」もVue.jsに置き換えてみましょう。今回は表示・非表示の制御が必要となりますので、computed経由でデータストアの件数をもとに判定するようにします。

js/TodoEmpty.vue（新規追加）

```
<template>
  <div id="todoEmpty" v-show="visible">タスクがありません</div>
</template>

<script lang="ts">
import Vue from "vue";
import store from "./Store";

export default Vue.extend({
  computed: {
    visible() {
      return store.todoCount === 0;
    }
  }
});
</script>
```

```
<style scoped>
div {
  border-radius: 5px;
  border: 1px dashed gray;
  margin: 20px 0px;
  padding: 20px;
  text-align: center;
  width: 400px;
}
</style>
```

js/mount.ts（マウントを追加）

```
import Vue from "vue";
import NextTodo from "./NextTodo.vue";
import TodoCount from "./TodoCount.vue";
import TodoEmpty from "./TodoEmpty.vue";

new Vue(NextTodo).$mount("#nextTodo");
new Vue(TodoCount).$mount("#todoCount");
new Vue(TodoEmpty).$mount("#todoEmpty");
```

css/style.css（不要なスタイルを削除）

```
...
/* #todoEmptyを削除 */
#todoList {
  border-radius: 5px;
  border: 1px dashed gray;
  margin: 20px 0px;
  padding: 20px;
  text-align: center;
  width: 400px;
}
...
```

webpackビルド後、再度テストを実行しておきましょう。

```
$ npx webpack
$ npm test
```

ひとまずここで、データストアを利用した変更前後の状況を図で比較して確認してみましょう。

図10.10: 変更前のイメージ

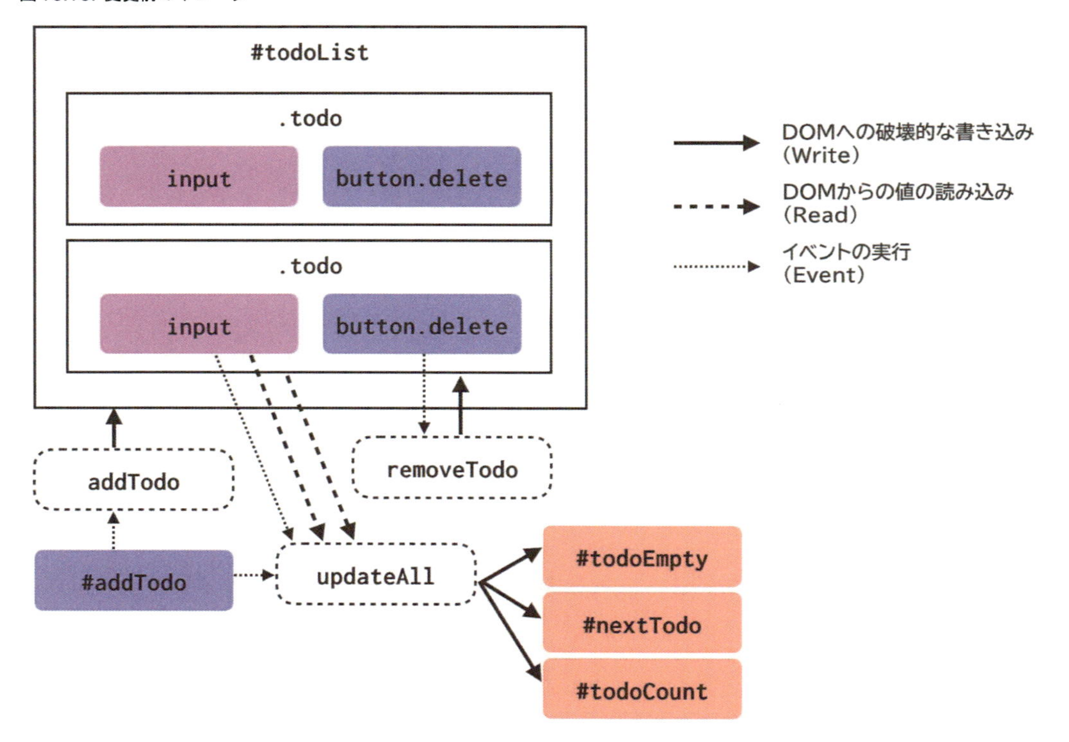

図10.11: 変更後のイメージ

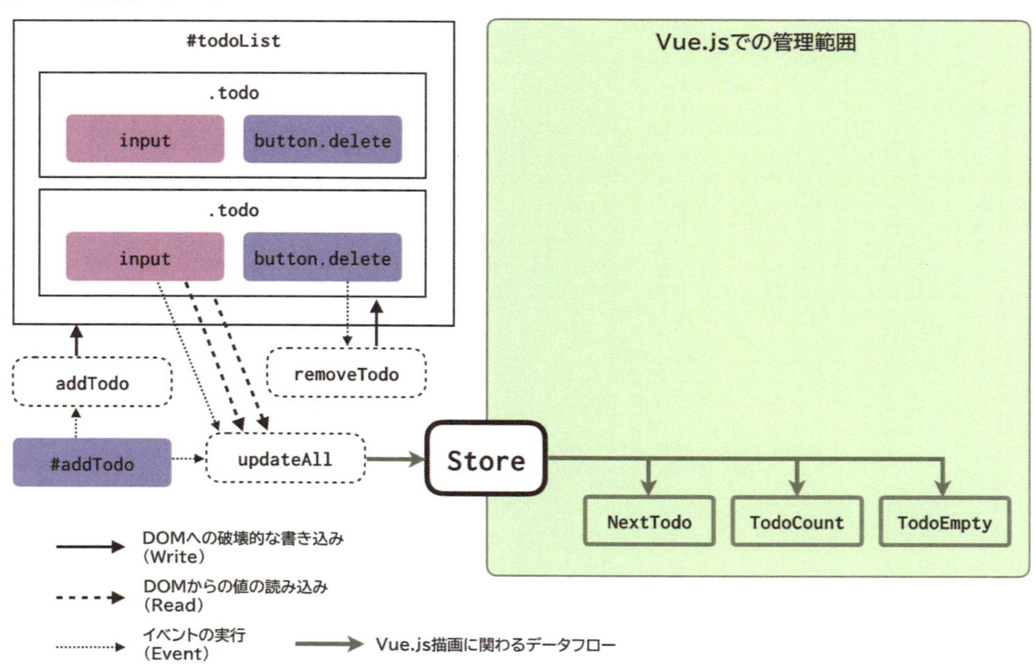

一部のみがVue.jsに置き換えられており、レガシーコードとはVue.observableによるデータストア以外では接続されていないことがわかります。このように進めていくことで、全体の挙動はE2Eテストとビジュアルリグレッションテストで保証しつつ、影響範囲をできるだけ小さく抑えながら書き換えていくことが可能となります。

DOMをデータで表現する

サンプルTODOアプリの一部をVue.js化できました。次は肝心のTODOリストの部分のVue化をやってみましょう。これはすでに置き換えた部分とは異なり、現時点では描画のために必要なデータをレガシーコードから簡単に取得することはできないため、まずはTODOリスト自体をデータで表現するとどうなるかを考える必要があります。

TODOリストの部分は操作に応じて次のように変化します。

・初期状態ではTODOは存在しない
・TODOはテキストで内容を保持する
・追加ボタンをクリックするとTODOが増える
・削除ボタンをクリックすると指定のTODOが削除される

これをデータに置き換えてみると、次のように考えることができます。

・TODOは配列で保持されており、初期状態では空である
・TODOは文字列の値をもつ
・TODOの配列には末尾にTODOを新たに追加できる
・TODOの配列の指定インデックスの要素を削除できる

データストア上で表現してみましょう。

js/Store.ts（TODOリストを追加）

```
import Vue from "vue";

type Todo = {
  key: number;
  todo: string;
};

const store = Vue.observable({
  todoList: [] as Todo[],
  nextTodoText: "",
  todoCount: 0
});
```

```
export const mutations = {
  addTodo() {
    store.todoList.push({
      key: new Date().getTime(),
      todo: ""
    });
  },
  removeTodo(index: number) {
    store.todoList.splice(index, 1);
  },
  updateNextTodoText(nextTodoText: string) {
    store.nextTodoText = nextTodoText;
  },
  updateTodoCount(todoCount: number) {
    store.todoCount = todoCount;
  }
};

export default store as Readonly<typeof store>;
```

なお、TODOを追加する際にkeyを付与しているのは、Vue.jsでのコレクション描画時に必要となるためです。（この詳細な理由についてはVue.jsの公式ドキュメント[5]を参照してください）

では、レガシーコード側から適切なタイミングでストアへの変更を実行しましょう。

js/script.ts（TODOの追加・削除をデータストアへ書き込み）

```
import "./mount";
import $ from "jquery";
import { readData } from "./reader";
import { toggleTodoList, toggleTodoEmpty } from "./writer";
import { mutations } from "./Store";
...

$(function() {
  $("#addTodo").on("click", function() {
    mutations.addTodo();
    updateAll();
  });

  $("#todoList").on("input", ".todo:eq(0)", function() {
```

5.https://jp.vuejs.org/v2/guide/list.html#key

```
    updateAll();
  });

  $("#todoList").on("click", ".delete", function() {
    mutations.removeTodo(
      $("#todoList")
        .find(".delete")
        .index(this)
    );
    updateAll();
  });

  updateAll();
});
```

削除時に該当要素のindexを取得している点に注意してください。indexが無いと「何番目の要素が削除されたのか？」をデータストア変更時に知らせることができません。

では、このデータを利用してTODOリストをVueコンポーネントに置き換えてみましょう。

js/TodoList.vue（新規作成）

```
<template>
  <div id="todoList" v-show="visible">
    <div
      v-for="todo in todoList"
      :key="todo.key"
      class="todo"
    >
      <input type="text" />
      <button class="delete">削除</button>
    </div>
  </div>
</template>

<script lang="ts">
import Vue from "vue";
import store from "./Store";

export default Vue.extend({
  computed: {
    todoList() {
      return store.todoList;
```

```
    }
  }
});
</script>

<style scoped>
#todoList {
  border-radius: 5px;
  border: 1px dashed gray;
  margin: 20px 0px;
  padding: 20px;
  text-align: center;
  width: 400px;
}

.todo input {
  width: 80%;
}
</style>
```

js/mount.ts（TodoListのマウントを追加）

```
import Vue from "vue";
import NextTodo from "./NextTodo.vue";
import TodoCount from "./TodoCount.vue";
import TodoEmpty from "./TodoEmpty.vue";
import TodoList from "./TodoList.vue";

new Vue(NextTodo).$mount("#nextTodo");
new Vue(TodoCount).$mount("#todoCount");
new Vue(TodoEmpty).$mount("#todoEmpty");
new Vue(TodoList).$mount("#todoList");
```

そして不要なコードを削除します。

js/writer.ts（不要コード削除）

```
...

/* ここから削除 */
export const removeTodo = $element => {
  $element.closest(".todo").remove();
};
```

```
export const addTodo = () => {
  const wrapper = $("<div>");
  wrapper.addClass("todo");

  const input = $("<input>");
  input.attr("type", "text");

  const deleteButton = $("<button>");
  deleteButton.addClass("delete").text("削除");

  wrapper.append(input);
  wrapper.append(deleteButton);
  $("#todoList").append(wrapper);
};
/* ここまで削除 */
```

css/style.css（不要なスタイルを削除）

```
...
/* ここから削除 */
#todoList {
  border-radius: 5px;
  border: 1px dashed gray;
  margin: 20px 0px;
  padding: 20px;
  text-align: center;
  width: 400px;
}

.todo input {
  width: 80%;
}
/* ここまで削除 */
```

これでTODOの追加・削除に伴ってDOMを直接操作していたコードがすべてなくなりました！バッチリ書き換えができているはずなので、一度テストコードを実行してみましょう！

```
$ npx webpack
$ npm test
```

……どうでしょうか。残念ながら**テストが失敗**したのではないでしょうか。実際にブラウザーで確認した場合も、追加・削除ボタンが正常に動作しないかと思います。

Vue.js化に伴う問題に対処する

この問題は、「非同期のDOM更新」で紹介した非同期のレンダリングによるものです。TODOの追加部のコードは次のような状態です。

```
$("#addTodo").on("click", function() {
  mutations.addTodo();
  updateAll();
});
```

このうち、`mutations.addTodo`ではVueコンポーネントから参照しているデータストアの更新を行なっており、`updateAll`ではレガシーコードによるDOMのReadが実行され、TODOの件数や先頭のTODOの内容を取得しています。しかし、Vue.jsはDOMの更新を非同期に実行するため、`mutations.addTodo`の変化によるTODOリストの再レンダリングは後続に回されることになります。結果的に、実際には次の順序で処理が実行されます。

1. mutations.addTodoによるデータストアの更新
2. TodoListコンポーネントで再レンダリングをキューイング
3. updateAllが実行され、TODOの件数や次のTODOに関する情報をDOMから取得
4. TodoListコンポーネントが再レンダリングされる

つまり、`updateAll`が実行された時点ではTodoListは古いままの状態なので、期待どおりの動作とならないのです。これを回避するためには、TodoListが再レンダリングされるのを待ってから`updateAll`が実行される必要があります。Vue.nextTickを利用し、再レンダリングを待つように変更してみましょう。

js/script.ts（updateAllの呼び出しを再レンダリング後とする）

```
import "./mount";
import $ from "jquery";
import Vue from "vue";
import { readData } from "./reader";
import { toggleTodoList, toggleTodoEmpty } from "./writer";
import { mutations } from "./Store";

/* eslint-disable func-names */
function updateAll() {
  const { count, nextTodoText } = readData();

  mutations.updateNextTodoText(nextTodoText as string);
  mutations.updateTodoCount(Number(count));

  toggleTodoList(count);
  toggleTodoEmpty(count);
```

```
}

$(function() {
  $("#addTodo").on("click", function() {
    mutations.addTodo();
    Vue.nextTick(() => updateAll());
  });

  $("#todoList").on("input", ".todo:eq(0)", function() {
    Vue.nextTick(() => updateAll());
  });

  $("#todoList").on("click", ".delete", function() {
    mutations.removeTodo(
      $("#todoList")
        .find(".delete")
        .index(this)
    );
    Vue.nextTick(() => updateAll());
  });

  updateAll();
});
```

これで正常に動作するようになったはずです！テストを実行してみましょう！

```
$ npx webpack
$ npm test
```

…残念ながらまだ失敗するのではないでしょうか。しかし、おそらく今回失敗したのはビジュアルリグレッションテストのはずです。

図10.12: ビジュアルリグレッションテストで検知した差異

なんだか微妙にレイアウトがズレています。まさにこれが、「空白文字による差異」で紹介した事象です。DOM操作で動的にタグを挿入していたときは隙間がなかったものが、Vueテンプレート上では入力用のinputタグと削除ボタンのbuttonタグの間に改行が入ったため、ブラウザーが実際にレンダリングした時点で若干の空白が発生したのです。変更時点でこの差異の発生を予見するのはかなり難しく、ビジュアルリグレッションテストがなかったら気づかなかったかもしれません。今回は修正後の見た目（空白があるもの）を正とし、スナップショット自体を更新してしまいましょう。

```
$ npm test -- --updateSnapshot
```

実際の改善作業において厳密な移行が必要となる場合は、このタイミングでタグの位置やスタイルシートなどを修正し、見た目が変更前と同じになるように調整する必要があるでしょう。

Write部の撤廃

実はこれで「Write（DOMへの書き込み）」に関してはすべてをVue.jsに置き換えることが完了しました。一部、TODOリストと空のTODO表示の切り替えに関してレガシーコードが残っているので、すべて削除してしまいましょう。

js/script.ts（Write部を削除）

```
import "./mount";
import $ from "jquery";
import Vue from "vue";
import { readData } from "./reader";
import { mutations } from "./Store";

/* eslint-disable func-names */
function updateAll() {
  const { count, nextTodoText } = readData();

  mutations.updateNextTodoText(nextTodoText as string);
  mutations.updateTodoCount(Number(count));
}
...
```

そして、js/writer.tsはファイルごと削除してしまってかまいません。

Write部のVue.js化が完了したので現在は次のような状態となっています。

図10.13: Write部のVue.js化が完了した状態のイメージ

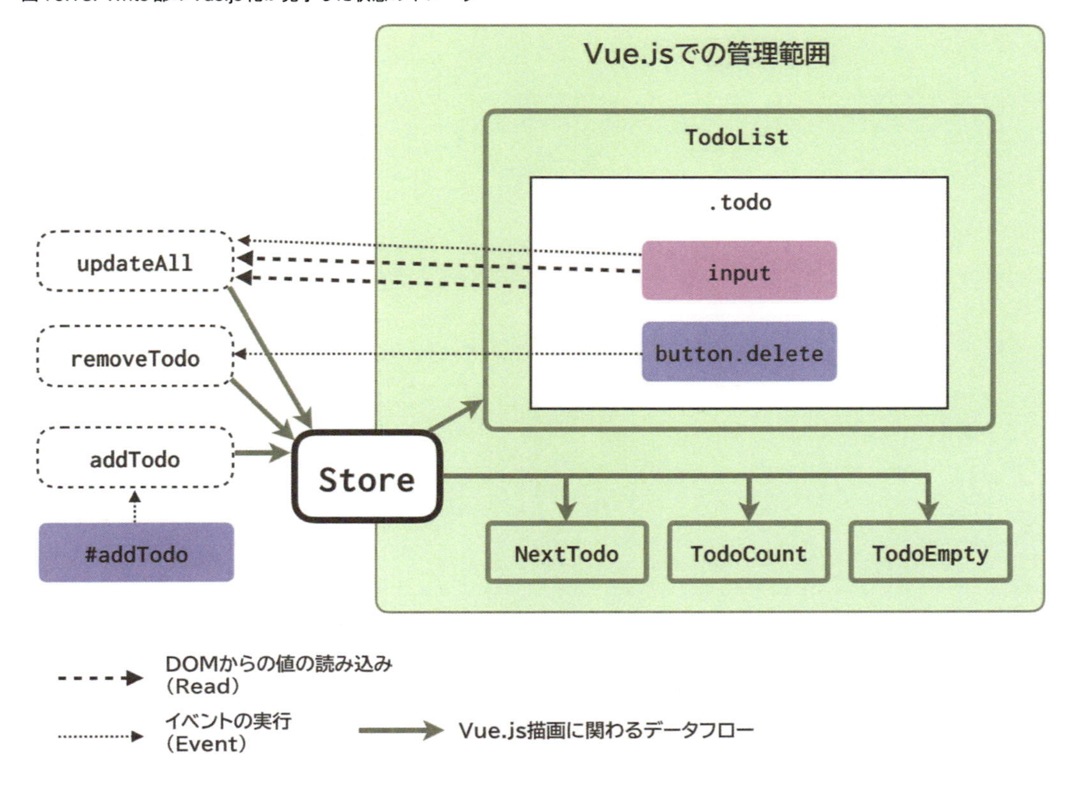

レガシーコード内のDOMへの破壊的な変更が完全に撤廃されたことがわかります。この調子で残りの箇所もVue.jsに置き換えていきましょう。

Read部のVue.js化

現状では「次のTODOの内容」と「全TODO件数」は、レガシーコードで何らかのイベントが発生したタイミングに応じて、DOMの内容を参照しています。

```
export const readData = () => {
  const count = $(".todo").length;
  const next = $(".todo input").first();
  const nextTodoText = count ? next.val() : "(未登録)";

  return { count, nextTodoText };
};
```

次はこれをDOMに依存せずVue.jsで完結するような形に書き換えていきます。まずはデータストア上で変更を記録できるようにしましょう。

js/Store.ts（TODO内容の変更を追加）

```
...

export const mutations = {
  addTodo() {
    store.todoList.push({
      key: new Date().getTime(),
      todo: ""
    });
  },
  removeTodo(index: number) {
    store.todoList.splice(index, 1);
  },
  updateTodo(index: number, value: string) {
    store.todoList[index].todo = value;
  },
  updateNextTodoText(nextTodoText: string) {
    store.nextTodoText = nextTodoText;
  },
  updateTodoCount(todoCount: number) {
    store.todoCount = todoCount;
  }
};

export default store as Readonly<typeof store>;
```

次に、Vue.jsコンポーネント上でメソッドを追加して書き込みます。

js/TodoList.vue（変更をデータストアに記録）

```
<template>
  <div id="todoList" v-show="visible">
    <div
      v-for="(todo, index) in todoList"
      :key="todo.key"
      class="todo"
    >
      <input type="text" @input="updateTodo(index, $event.target.value)" />
      <button class="delete">削除</button>
    </div>
  </div>
</template>
```

```
<script lang="ts">
import Vue from "vue";
import store, { mutations } from "./Store";

export default Vue.extend({
  computed: {
    visible() {
      return store.todoCount > 0;
    },
    todoList() {
      return store.todoList;
    }
  },
  methods: {
    updateTodo(index: number, value: string) {
      mutations.updateTodo(index, value);
    }
  }
});
</script>
...
```

TODOの追加や削除はすでにデータストアに保存できています。さらに今回の変更でTODOに入力された内容も保存できるようになり、TODOリストの表示はデータストアの状態と同期しています。これによって、「次のTODO」や「全TODO件数」の情報はDOMを参照せずとも、データの状態から常に正しい情報を割り出せるようになりました。

それでは、データストアの状態を利用するようにコンポーネントを書き換えていきましょう。まず「次のTODO」は、データストア上のTODOリストのうち先頭の要素を取り出せばOKです。

js/NextTodo.vue（データストア内のTODOリストから取得するように変更）

```
...
<script lang="ts">
import Vue from "vue";
import store from "./Store";

export default Vue.extend({
  computed: {
    nextTodoText() {
      return store.todoList.length > 0 ?
               store.todoList[0].todo :
               "(未登録)";
```

```
    }
  }
});
</script>
...
```

「全TODO件数」はTODOリストのサイズを利用するように変更します。

js/TodoCount.vue（データストア内のTODOリストから取得するように変更）

```
...
<script lang="ts">
import Vue from "vue";
import store from "./Store";

export default Vue.extend({
  computed: {
    count() {
      return store.todoList.length;
    }
  }
});
</script>
...
```

js/TodoEmpty.vue（データストア内のTODOリストから取得するように変更）

```
...
<script lang="ts">
import Vue from "vue";
import store from "./Store";

export default Vue.extend({
  computed: {
    visible() {
      return store.todoList.length === 0;
    }
  }
});
</script>
...
```

js/TodoList.vue（データストア内のTODOリストから取得するように変更）

```
...
<script lang="ts">
import Vue from "vue";
import store, { mutations } from "./Store";

export default Vue.extend({
  computed: {
    visible() {
      return store.todoList.length > 0;
    },
    todoList() {
      return store.todoList;
    }
  },
  methods: {
    updateTodo(index: number, value: string) {
      mutations.updateTodo(index, value);
    }
  }
});
</script>
...
```

DOMを参照して割り出していた値について、すべてデータストアの内容から表示できるようになりました！これでRead部のコードはすべて不要になります。一気に消してしまいましょう。

js/script.ts（Read部に依存するコードをすべて削除）

```
import "./mount";
import $ from "jquery";
import { mutations } from "./Store";

/* eslint-disable func-names */
$(function() {
  $("#addTodo").on("click", function() {
    mutations.addTodo();
  });

  $("#todoList").on("click", ".delete", function() {
    mutations.removeTodo(
      $("#todoList")
        .find(".delete")
```

```
        .index(this)
    );
  });
});
```

js/Store.ts（TODOリストから割り出せるデータ・変更処理は削除）

```
import Vue from "vue";

type Todo = {
  key: number;
  todo: string;
};

const store = Vue.observable({
  todoList: [] as Todo[]
});

export const mutations = {
  addTodo() {
    store.todoList.push({
      key: new Date().getTime(),
      todo: ""
    });
  },
  removeTodo(index: number) {
    store.todoList.splice(index, 1);
  },
  updateTodo(index: number, value: string) {
    store.todoList[index].todo = value;
  }
};

export default store as Readonly<typeof store>;
```

`js/reader.ts`は不要となるので削除します。テストを実行しておきましょう。

```
$ npx webpack
$ npm test
```

パスすればOKです。あらためて現在の状態を図で確認してみましょう。

図10.14: Read部までVue.js化が完了したイメージ

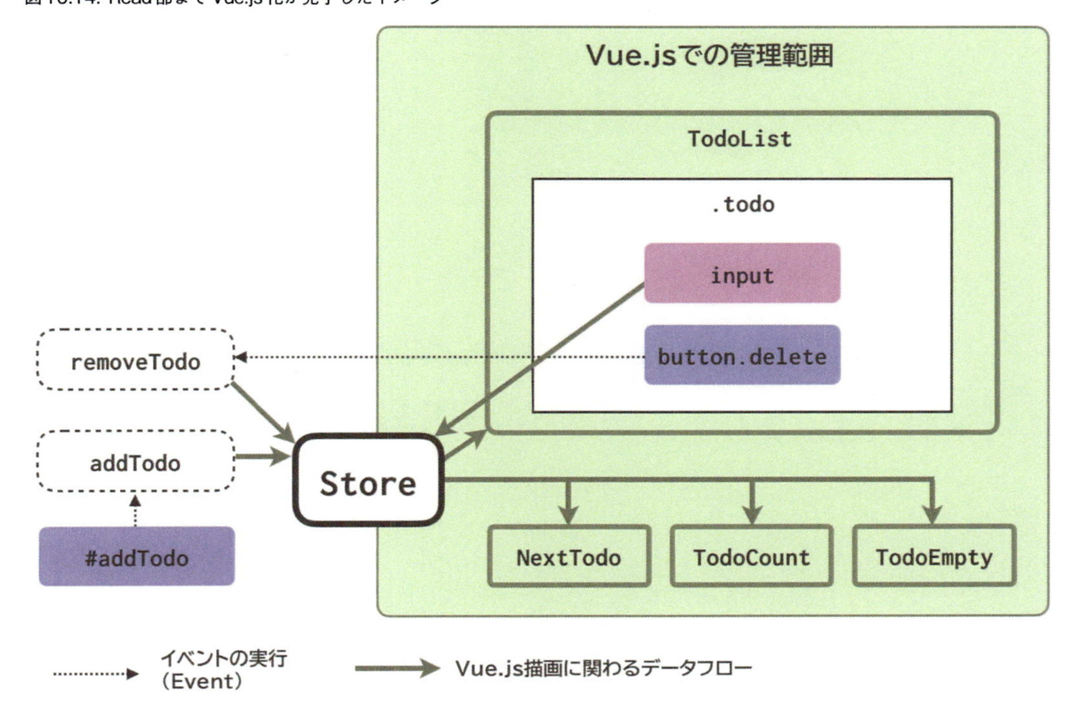

ここまで来るともうほとんどVue.jsの中に移動することができていますね。あと少しです！

単方向フローを構築して全体を整理する

さて、すでに大半をVue.jsで書き換えることに成功しました。残りは簡単なEventハンドリング部のみで、これもVue.jsに置き換えるのはそれほど難しくないでしょう。しかし、現状ではすべてのコンポーネントがデータストアへ依存しています。最後にすべてをVue.js化すると同時に、単方向フローを構築してコンポーネント間の依存関係を整理し、全体が整理された状態を目指しましょう。

プロパティ＆イベント依存にする

単方向フローを構築するためには、各コンポーネントがデータストアではなくプロパティ（props）とイベント（v-on/$emit）を利用している必要があります。置き換え自体はそれほど難しくはなく、単純な参照であればcomputedの内容はpropsに定義して親から受け取り、データストアの変更を実行している場合は$emitを実行して親に移譲するように書き換えていけばOKです。

全コンポーネントを置き換えてみましょう。まずはTODOの型情報がprops定義時に利用できるよう、データストアから型定義をexportしておきます。

js/Store.ts（型定義をexport）

```
import Vue from "vue";

export type Todo = {
```

```
  key: number;
  todo: string;
};

...
```

コンポーネントを書き換えていきます。

js/TodoList.vue（プロパティ＆イベント依存に書き換え）

```
<template>
  <div id="todoList" v-show="visible">
    <div
      v-for="(todo, index) in todoList"
      :key="todo.key"
      class="todo"
    >
      <input type="text" @input="updateTodo(index, $event.target.value)" />
      <button class="delete" @click="removeTodo(index)">削除</button>
    </div>
  </div>
</template>

<script lang="ts">
import Vue, { PropType } from "vue";
import { Todo } from "./Store";

export default Vue.extend({
  props: {
    visible: { type: Boolean },
    todoList: { type: Array as PropType<Todo[]> }
  },
  methods: {
    updateTodo(index: number, value: string) {
      this.$emit("updateTodo", { index, value });
    },
    removeTodo(index: number){
      this.$emit("removeTodo", index);
    }
  }
});
...
```

js/TodoEmpty.vue（プロパティ依存に書き換え）

```
...
<script lang="ts">
import Vue from "vue";

export default Vue.extend({
  props: {
    visible: { type: Boolean }
  }
});
</script>
...
```

js/NextTodo.vue（プロパティ依存に書き換え）

```
...
<script lang="ts">
import Vue from "vue";

export default Vue.extend({
  props: {
    nextTodoText: { type: String }
  }
});
</script>
...
```

js/TodoCount.vue（プロパティ依存に書き換え）

```
...
<script lang="ts">
import Vue from "vue";

export default Vue.extend({
  props: {
    count: { type: Number }
  }
});
</script>
...
```

ルートコンポーネントの作成

たとえば今回のサンプルTODOアプリのようなVue.jsを利用したSPA（Single Page Application）を作成するときは、通常は最上位に位置するコンポーネントである「ルートコンポーネント」を作成するところから始まります。レガシーフロントエンドコードからVue.jsに置き換える際も、ルートコンポーネントの配下に細かいコンポーネントが子孫として存在するのが理想形です。TODOアプリケーション全体を表すTodoApp.vueをルートコンポーネントとして新たに作成し、ここまでに作ったコンポーネントがその配下に属する形にしましょう。

js/TodoApp.vue（新規作成）

```
<template>
  <div>
    <button id="addTodo" @click="addTodo">タスクを追加する</button>
    <todo-list
      :visible="visible"
      :todo-list="todoList"
      @updateTodo="updateTodo"
      @removeTodo="removeTodo"
    />
    <todo-empty :visible="!visible" />
    <div>
      <next-todo :next-todo-text="nextTodoText" />
      <todo-count :count="count" />
    </div>
  </div>
</template>

<script lang="ts">
import Vue from "vue";
import store, { mutations, Todo } from "./Store";
import TodoList from "./TodoList.vue";
import TodoEmpty from "./TodoEmpty.vue";
import NextTodo from "./NextTodo.vue";
import TodoCount from "./TodoCount.vue";

export default Vue.extend({
  components: {
    TodoList, TodoEmpty, NextTodo, TodoCount
  },

  computed: {
    todoList(): Todo[] {
      return store.todoList;
    },
    nextTodoText(): string {
```

```
      return store.todoList.length > 0 ?
              store.todoList[0].todo :
              "(未登録)";
    },
    count(): number {
      return store.todoList.length;
    },
    visible(): boolean {
      return this.count > 0;
    }
  },

  methods: {
    updateTodo(payload: { index: number, value: string }) {
      mutations.updateTodo(payload.index, payload.value);
    },
    addTodo() {
      mutations.addTodo();
    },
    removeTodo(index: number) {
      mutations.removeTodo(index);
    }
  }
});
</script>

<style scoped>
#addTodo {
  font-size: 1.2rem;
}
</style>
```

ここまで作成した各コンポーネントが子コンポーネントとしてテンプレートに定義されていますね。そして各コンポーネントが必要な値はすべてプロパティとして渡しており、何らかの変更が発生した場合にはイベントを受け取ってデータストアを変更しています。また、レガシーコードではDOMのEventハンドリングで実行していた「TODOの追加」「TODOの削除」もVue.js内で完結するようになりました。

このルートコンポーネントを実際にマウントしましょう。まずHTMLの中身はエントリーポイントのみとなります。

index.html（最終形）

```
<!DOCTYPE html>
<html>
  <head>
    <meta charset="utf-8">
    <link rel="stylesheet" href="./css/style.css">
    <title>TODO</title>
  </head>
  <body>
    <div id="app"></div>
    <script src="./dist/main.js"></script>
  </body>
</html>
```

最初はレガシーコードが満載だったscript.tsも、必要なのはルートコンポーネントのマウント処理のみとなります。

js/script.ts（最終形）

```
import Vue from "vue";
import TodoApp from "./TodoApp.vue";

new Vue(TodoApp).$mount("#app");
```

コンポーネント内で定義したスタイルも不要となるので削除しましょう。

css/style.css（最終形）

```
* {
  font-size: 16px;
}

body {
  padding: 20px;
}
```

js/mount.tsは不要となるので削除してOKです。これで完全にDOM依存のコードが撤廃され、すべての処理がVue.jsの中で完結するようになりました。最後にテストがパスすればVue.jsへの書き換えは完了です。

```
$ npx webpack
$ npm test
```

データストアをどうする？

改善作業のなかで最後まで大活躍してくれたデータストア（`js/Store.ts`）ですが、すべてのVue.js化が完了し、データストアと接続されているのはルートコンポーネントのみとなりました。この状態になれば、データストアに関しては内容をすべてルートコンポーネント内のdataやmethodsで置き換えてしまうことで、ファイルごと削除してしまうことも可能となります。残すor削除のどちらが正解ということはありません。たとえば単一のページに複数のルートコンポーネントが必要になってしまうケースなどでは、データストアが残っていると相互の連携がしやすくなるでしょう。しかし、好き勝手にコンポーネントがデータストアと接続すると簡単に単方向フローは崩壊するため、リスクでもあります。規模や今後の開発予定などもみての判断が必要となります。本書の実践編の範囲においては、データストアを残したままの形を最終形とします。

最終的な状態

おつかれさまでした！これでTODOアプリのすべての描画とデータの管理がVue.jsのみで行われるようになりました。最終的な状態を図示すると次のイメージです。

図10.15: Vue.js化が完了したイメージ

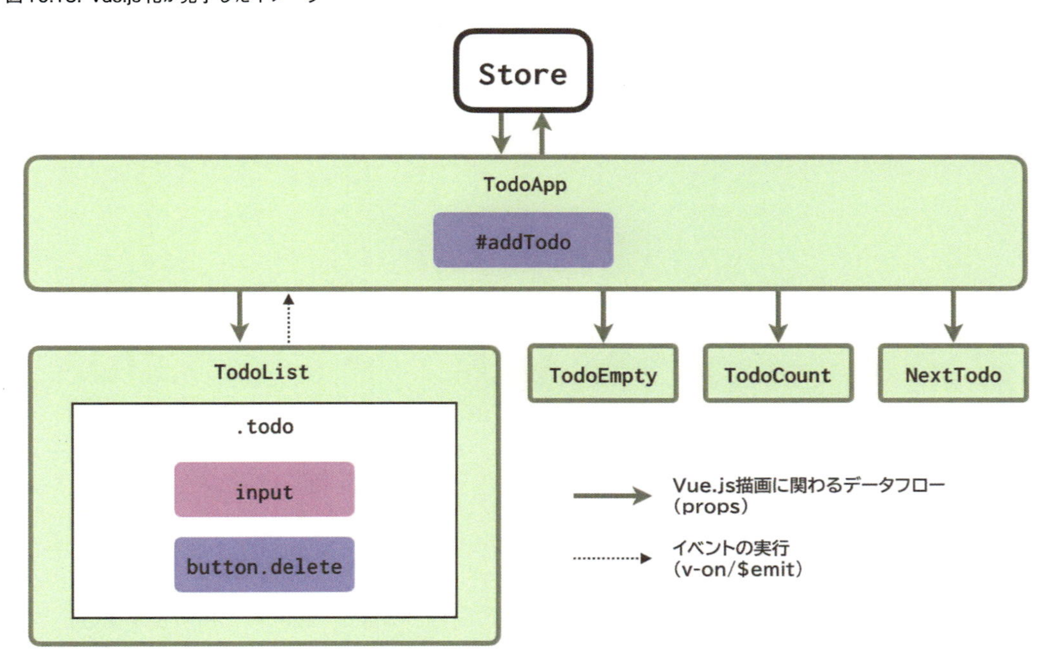

TODOアプリケーション全体を表現するデータが一箇所に集中管理されており、かつ、データが参照・更新共に単方向に流れているのがわかります。また、細かい機能別にコンポーネントに切り出されており、それらは必要な情報のみをプロパティで受けとって描画するため、責務が小さくなっています。レガシーコードのときと比べると、遥かに安全で理解しやすい状態にすることができました！

以上が、徐々にレガシーコードをVue.js化するためのひとつの方法例です。Vue.observableでのデータストアを利用し、Vue.jsのコードとDOMを操作するレガシーコード間で互いを意識させないようにすることで、小さく切り出しながら書き換えていくことができました。また、書き換えるたびに事前に用意しておいたテストコードをパスさせることで、変更した箇所はもちろん、変更していない箇所も含めてすべてがコードの書き換え前後で同じ挙動であることを確認しながら作業を進めていくことができます。

なお、レガシーコードの規模や複雑さにもよりますが、紹介した手法をすべて実践すると、少しやり過ぎに感じるかもしれません。その場合は、適宜特に重要と思われる箇所だけを抜粋して試してみてください。

第11章　リリースまでを安全に

ここまでは主にコードを安全に改善していくための手法を紹介してきました。しかし、改善作業はコードを修正したら終わりではなく、実際にリリースし無事に稼働していることを見届けるまでは安心できません。本章では、真の意味で改善作業を完遂させるために、いかにリリースまでを安全に走り抜けるかを考えてみましょう。

11.1　レビュワーの負担を下げる

改善作業において、何らかの形で他のメンバーによる成果物のチェックが必要なケースもあるでしょう。

- 改善作業を複数人で取り組んでいる
- 開発サイクルのなかにレビュープロセスが組み込まれている
- テスターにテストを依頼する

こういった場合、チェックする人（レビュワー）の負担を下げられるような工夫は考えるべきでしょう。

改善作業のレビューはつらい

改善作業のレビューは、通常の機能開発とは影響範囲も観点も異なります。そのため、レビュワーにさまざまな負担をかけてしまうことが考えられます。

- 一度のレビューで確認するボリュームが大きくなりがち
- 似たようなコードを何度もチェックすることが多い
- 修正前後の両方の挙動を確認する必要がある

そして何より問題なのが、**リファクタリングのレビューはつまらない**のです。改善作業のチェックは「挙動を壊していないこと」の比重が大きく、ひたすらに変更前後の差異がないかを見ていくような単調なものになりがちです。ユーザーに新しい体験を与えるような刺激的なものでもないため楽しくありません。こういった負担が蓄積されていくと、レビューを通しても見落としが増えたり、レビュー自体があまり活発ではなくなるといった問題となり表面化してきます。

レビューボリュームを小さくする

レビュワーの負担を下げるための効果的な方法のひとつは、「レビューのボリュームを小さくする」ことでしょう。理由は至ってシンプルで、100行のコードをチェックするよりも10行のコードをチェックするほうが簡単だからです。JavaScriptのLintツールであるESLint[1]の導入を例に考えてみましょう。次のようなレビュー依頼が来たらどうでしょうか。

つらいレビュー依頼

```
■ ESLintを導入しました！

対応内容
 * package.jsonに依存を追加
 * 20個ほどのルールを有効化
 * --fixオプションでの自動修正を適用
 * --fixの対象外部分を全て手動で修正
 * 若干のコード改善を含む

diff +2934 -2710
```

かなり極端な例ですが、これをレビューするのはかなり骨が折れそうですね。1件のレビュー依頼のつもりが、実際には考えないといけないことが山積みです。

- 「package.jsonに依存を追加しているのか、バージョンは…？」
- 「どのルールを有効化したのか全部内容を把握しないと…」
- 「コードの修正もあるのか、動きが同じか見ないと…」

今度は小さいレビュー依頼に分割した例を見てみましょう。

小さくしたESLintのレビュー依頼1

```
■ ESLintを依存に追加

対応内容
 * package.jsonに依存を追加

diff +3 -0
```

小さくしたESLintのレビュー依頼2

```
■ ESLintで no-trailing-spaces ルールのみを有効化

対応内容
 * no-trailing-spacesルールを追加
 * --fix オプションで自動修正
```

1.https://eslint.org/

```
diff +93 -331
```

これであれば、ひとつひとつのレビューの負担はかなり小さくなりますし、レビュワーも自分のレビュー結果に自信を持てるでしょう。コツとしては、できるだけひとつのレビュー依頼でやっていることはひとつにすることです。シンプルな小さいレビューを素早いサイクルで回していくよう心がけていきましょう。

大きなレビュー依頼はコンフリクトのリスクが上がる

大きなレビュー依頼にはレビュワーの負担上の問題もありますが、Gitなどのバージョン管理システムを利用している場合にはコードの衝突（コンフリクト）の可能性が上がってしまうという問題があります。コンフリクトが発生すると、都度コードのマージを誰かが行う必要があり、これは非常にリスクの高い作業です。改善作業と並行してプロダクトの開発が進んでいると、ある程度のコンフリクトは避けられない部分はありますが、できるだけ回避できるように進めていくことは重要でしょう。

確認してほしい観点を明確にする

レビュワーがレビューに費やせる時間は無限ではありません。そのため「全部をいい感じに確認してほしい」というのは現実的ではありませんし、仮にそのように実施したとしても個人によってレビューの品質に大きな差が生じることでしょう。改善作業を行った時点で、その内容にもっとも詳しいのは改善を行ったあなた自身です。レビュー依頼をする際に、特に確認してほしい箇所を共有しましょう。その際、テストコードで何が担保されているのかも一緒に伝えるとよいでしょう。

確認観点を含めたレビュー依頼の例

```
■ TODOの追加ボタンをVue.jsに置き換えた

確認したこと
  * 追加ボタンをクリックするとTODOが増えること
  * 動作確認時にエラーが発生していないこと

テストコードで担保されていること
  * 追加ボタンの見た目
  * 追加ボタンクリック後の画面全体の見た目

特に確認してほしいこと
  * Vue.jsとしてのコーディング作法に不安があるので見てほしい
  * 複数ブラウザーで確認した場合の挙動の差異がないか
  * 特殊な操作（連打・複数タブ表示など）での動作が問題ないか
```

重要な箇所にレビュワーの観点が集中するようにコントロールすることで、レビューの効果を高めることができます。ただしこれによってレビュワーの確認観点が絞られてしまうというデメリットもあるため、コストと比較した上で、レビュワーの観点に任せたテストとするのも選択肢となり得るでしょう。

資料化を怠らない

コード改善前の全体把握時にdraw.ioを使った例を紹介したように、情報共有のために適宜資料を作成するのは重要です。特に長期的な改善作業の場合は「改善全体はどういった計画で進んでいるか」「今やっている改善はどの段階か」は必ず共有することをオススメします。レビュワーの負担を下げるために小さい単位でレビュー依頼をすると、全体の中でどこに位置する作業かが見えづらくなるケースがあります。その際に資料があることで「全体では◯◯の改善に該当する」「次は◯◯の改善を行う」といった点が把握しやすくなり、前後関係を考慮したレビューが可能となるのに加え、ゼロからレビューに参加する際の敷居も低くなります。資料を作るのは手間ですがそれに見合った恩恵はあります。作りすぎるのは考えものですが、情報共有のために必要な資料の作成は怠らないようにしましょう。

ペアプロ・モブプロ

そもそもレビュープロセス自体を別の形にしてしまう、というのもひとつの手です。効果的な方法としてはペアプログラミング・モブプログラミングが挙げられるでしょう。コードに修正を加える際に、二人、あるいは三人以上で一緒に作業をするのです。いわば情報共有・修正・レビューを同時に実施するようなものであり、なにより複数人で作業したことによる心理的な安心感は計り知れません。筆者の経験上、得られるメリットはとても大きいです。チームの開発スタイルや文化によっては容易には導入できないかもしれませんが、小さい部分からでも試してみる価値はあるでしょう。

11.2　改善するスコープを決める

改善作業を行うときは、その対象範囲を明確にしておきましょう。レガシーなフロントエンドコードでは課題が山積みであることが予想されます。

- ECMAScript5で記述されたコード
- npm/yarnといったパッケージ管理
- ESLint/PrettierといったLint・フォーマットツール
- テスト環境の整備
- 利用しているフレームワークが古い
- デザインの刷新
- 状態管理ライブラリーの未導入

そのときに、無計画に一気に着手しないように注意しましょう。中途半端な状態で頓挫することも大きなリスクです。安全な改善作業では何をどのように改善するかも重要ですが、それと同じくらいに「何をやらないか」も重要なのです。小さい範囲を確実に終わらせることを積み重ねていき、結果的に大きな改善となるように進めていきましょう。

11.3 トラブル発生時のダメージを軽減する

さまざまな施策により安全に改善作業を進めてきたとしても、それでもリリース後にトラブルが発生することはあり得ます。最後の安全への施策として、リリース後に問題が生じた場合に受けるダメージを軽減するための方法を知っておきましょう。

ロールバックを想定する

リリースを行う前に「簡単にもとの状態に差し戻せるか？」を整理しておくとよいでしょう。実際にトラブルが発生すると、慌ててしまい冷静な判断をするのは難しくなるものです。冷静なうちにロールバック手順を整理しておくとよいでしょう。

ピークタイムのリリースを避ける

もうひとつオススメしておきたいのが、利用が集中するタイミング、いわゆるピークタイムのリリースを避けることでしょう。フレームワークの差し替えのような影響の大きい修正の場合、リリース後の予期せぬエラーは必ず発生するものと考えておきましょう。ピークタイムにリリースすると、エラーを調査している間に次々と新しいエラーが発生することも考えられ、結果的に、実はすぐに対応できるような軽微なエラーでも、全体をロールバックする判断をせざるを得ないこともあります。リリース対象の規模や影響度にもよりますが、リスクが高い場合にはアクセスが少ない時間を選んでリリースをするとよいでしょう。

小さく進められないときにも有効

安全な改善のため、レビュー粒度やスコープ調整といった方法で「小さく進める」ということを推奨してきました。しかし、レビューする体制がなく一人で進めなければならない、あるいは対応期間に制約があるなど、そもそも小さくできなかったり、小さく進めるコストのほうが圧倒的に高いというケースは確実に存在します。筆者としては小さく進めていくことを強く推奨したいですが、やむを得ず一気に進めたほうが効率的であるという判断もありえます。そういったケースにおいても、トラブル発生時をあらかじめ考慮した対策については同様に有効です。少しでも安全を確保して作業を進めていきましょう。

第12章　改善できた、次はどうする？

12.1　時と共にレガシー化は進む

無事にレガシーフロントエンドの改善を成し遂げたとして、次はどうすべきでしょうか。ひとまず自分へのご褒美でビールを飲むぐらいはしてもよいと思いますが、一度安全な構成に作り変えることが成功したとしても、それを維持するための努力が必要となります。レガシーなアプリケーションとは、ある瞬間に突然レガシーになるわけではありません。コード自体に問題を含んでいるケースもありますが、どちらかといえば時と共に外部の環境が変化していくことの影響のほうが大きいでしょう。

- 技術トレンドの変化
- ライブラリーのバージョンアップ・更新終了
- 関わるメンバーの入れ替わり
- 仕様の忘却　など……

いまの時点で整理され安全と呼べるようなコードでも、数年放っておくと気づけば再度レガシー化している可能性は大いにあり得ます。また、フロントエンド界隈は特に変化が速いという意見をよく聞きます。TypeScriptやVue.jsを導入したからといって完璧ではなく、5年後にはそれらに取って代わる、遥かにメンテナンスしやすい何かが台頭しているかもしれません。一度改善作業をしても、それは作業完了時点で改善されただけであり、油断していると振り出しに戻ってしまう恐れがあることを認識しておきましょう。

12.2　日々改善を続ける

放っておいてもレガシー化してしまうのであれば、何らかの対策が必要です。これには完璧なもの、いわゆる銀の弾丸[1]は存在しません。唯一できる対策は、**日々の小さい改善を積み重ねる**ことです。庭の草むしりも毎週やっていれば1回1回はすぐ終わりますが、長い時間をかけて好き放題に生い茂った雑草と戦うには相当の気合いが必要です（筆者の家では定期的に大きなゴミ袋が発生していますが……）。

ここまでの改善作業でも繰り返してきましたが、一度の作業ボリュームはとにかく小さくするのが重要です。ライブラリーの更新などは特に顕著で、日々の小さいバージョンアップであればリスクを抑えて小さいコストで対応していくことができますが、大量に溜め込んでしまうとリリースノートを見て変更点を把握するだけでも大きな労力となります。レガシーから脱却するときと同様、小

1.https://ja.wikipedia.org/wiki/銀の弾などない

さい改善を続けることで毎回の対応コストを下げていきましょう。

12.3　機械的に改善可能な環境を整える

TypeScriptやESLintなどを駆使し、機械的なチェックをすることで人間の作業の負担を下げることができました。これは日々の改善作業でも同じです。自動化できる部分は自動化し、できるだけ楽をする努力をしていきましょう。

テストコード作成の習慣化

改善作業のなかで、事前にテストコードを用意することで大きい恩恵を得ることができる旨を解説しました。これを機に、新規にコードを書く際も積極的にテストを残していく習慣を整えるとよいでしょう。テストコードは自分たちが加える機能追加や変更だけではなく、ライブラリーの更新時にも動作を保証してくれる強い味方となります。また、きれいに整理されたテストコードはそれ自体がアプリケーションの仕様となり、あとからコードを追う際にも理解の手助けになるでしょう。テストコードは後からまとめて書くよりも、日々の開発と共に残すほうがコストも小さく、かつコードの仕様をもっとも深く理解しているタイミングなので、正しく価値の高いテストコードを書くことができます。テストの粒度や書き方といった新たな検討材料は発生するかもしれませんが、まずはとにかく「テストコードを書く」ということを習慣化していきましょう。

CI環境を整える

テストコード・TypeScript・ESLintといったものを利用する場合、CI（Continuous Integration）環境の整備を検討してもよいでしょう。これは改善作業完了後だけではなく、改善前に先に実施しても効果的です。テストコードを用意したとしても、実行を忘れてしまっていては意味がありませんよね。CI環境が整っていれば、コードの変更に応じて自動的にテストやさまざまなスクリプト群を実行し、問題があればそれをすぐに検知することができます。広く利用されているものとしてはJenkins[2]がありますが、動作するサーバーの準備やセットアップが必要で、導入に少しコストがかかります。

可能であれば、CI専用のクラウドサービスを利用するほうが迅速に導入できます。有名なものとしては次のようなものがあります。

- CircleCI : https://circleci.com/
- TravisCI : https://travis-ci.org/

CircleCIなどは1リポジトリーであれば無料で始めることができます。設定ファイルを追加するだけで簡単に始めることができますので、試してみてもよいでしょう。

2.https://jenkins.io/

図 12.1: CircleCI でサンプルコードの E2E テストを実行した例

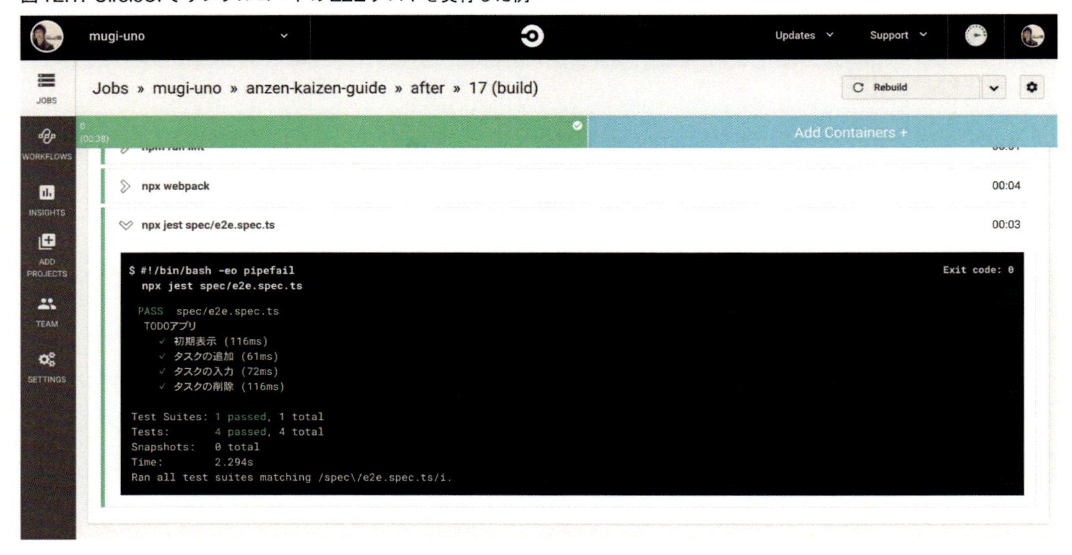

Dependabotによる依存ライブラリーの更新

依存ライブラリーの更新は日々行うことで小さく進めるべきと説明しましたが、そもそもアップデートがあったかどうかを自分でチェックするだけでも一苦労です。これについては**Dependabot**を利用するとよいでしょう。

- https://dependabot.com/

以前は単独で有償サービスとして提供されていましたが、GitHubに買収されたことで2019年6月現在では無償で利用可能となりました。DependabotはGitHubのリポジトリーを対象に自動的にpackage.jsonの内容をチェックし、アップデートがあった場合にはPullRequestを作成したり、特定ライブラリーのみはテストが通った場合のみ自動マージさせるといったことも可能です。

図 12.2: Dependabotによって作成されたPullRequest

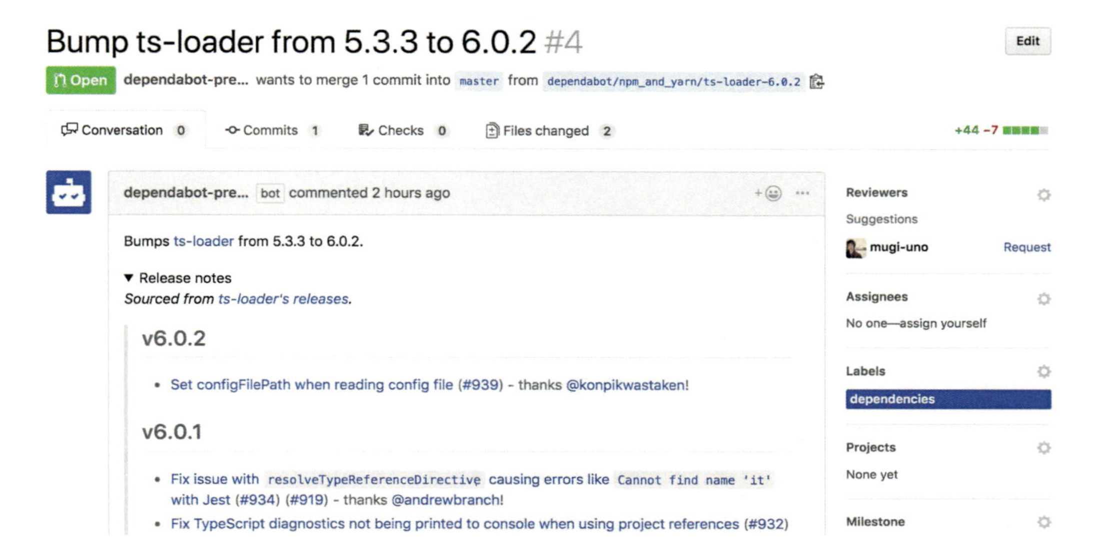

うまく利用すれば、依存ライブラリー更新のコストを大きく下げてくれるでしょう。

12.4 改善作業は終わらない

最後になりますが、改善作業は改善したら終わりではなく、際限なく続いていくものです。さまざまなツールやライブラリー、テクニックを駆使することでその作業負荷を軽減することはできますが、作業の根底を支えるのは「改善を続けていくぞ！」いう意志だったりします。日々の改善は決して楽しいものではなく、泥臭くて地味なものです。それを続けていくためには、なんのために続けているのか理解したうえで、他のメンバーの協力も必要となることでしょう。ぜひ本書で得た内容をもとに自分が一番しっくりくる改善方法を見つけ、諦めずに続けていきましょう！

あとがき

本書を手にとっていただきありがとうございました。「はじめに」にも書きましたが、筆者自身も長らくレガシーなフロントエンドコードと向き合ってきました。筆者が関わっているサービスの性質によるところもありますが、実際にやってみるとなかなかの恐怖で、いかに安全を保つかをひたすら考えていたように思います。

「きっとこの苦しみや恐怖で困っている人は他にもいるはず……！」という思いから、2019年4月に開催された技術書典6というイベントにて、自分の経験をもとに「jQuery to Vue.jsで学ぶ レガシーフロントエンド安全改善ガイド」という本を頒布しました。需要があるのか心配でしたが、ありがたいことに多くの方に関心を持っていただけました。そしてブースに訪問された方と会話していると、レガシーコードに困っている現場がたくさんあることを実感しました。切実なツラい話をたくさん耳にしたため、本をお渡しする際に「ありがとうございます」ではなく、無意識に「がんばってください……‼」と言ってしまっていたのを思い出します。

本書の内容については、昔の私自身が欲しかった情報をまとめており、このあたりは私が尊敬するエンジニアの伊藤淳一（@jnchito）さんが仰っている「その知識を知らなかった頃の自分が喜ぶような記事を書く[1]」という考えに基づいています。同人版ではさまざまな事情により一部書ききれなかった部分がありましたが、今回このような形で新たに執筆する機会をいただけたことで、特に心残りだったTypeScriptやLintツールの話などもすべて盛り込むことができました。

本書内でも触れていますが、改善していこう！という考えはとても重要です。わざわざそんなツラいことをやろうと思っているのですから、きっとあなたは素晴らしいエンジニアです。せっかくやるなら「やってよかった」と思える形で達成してほしいですし、必要のない改善作業は着手前に「やめておこう」という勇気ある判断をしてほしいと思います。みなさんのレガシーコードが無事にモダンに生まれ変わることをお祈りしております。

最後に、同人版時に校正・内容のチェックをしていただいた@hikaruworldさん、そして素敵な表紙イラストを描いていただいた鍋料理（@yaminaberyouri）さん、ありがとうございました！

1.https://qiita.com/jnchito/items/5c3eb3640ad57b3edc6c

著者紹介

麦島 一（むぎしま はじめ）

富山県在住のエンジニアでリモートワーカー。フロントエンドがメインだが、Ruby/Railsでサーバーサイドも書く。Toyama.rbというRubyコミュニティーを毎月主催。マルチカーソルをこよなく愛する。

◎本書スタッフ
アートディレクター/装丁：岡田章志＋GY
編集協力：飯嶋玲子
デジタル編集：栗原 翔

〈表紙イラスト〉
鍋料理
社畜系お絵かきマンです。生存はSNSにて。

技術の泉シリーズ・刊行によせて

技術者の知見のアウトプットである技術同人誌は、急速に認知度を高めています。インプレスR&Dは国内最大級の即売会「技術書典」（https://techbookfest.org/）で頒布された技術同人誌を底本とした商業書籍を2016年より刊行し、これらを中心とした『技術書典シリーズ』を展開してきました。2019年4月、より幅広い技術同人誌を対象とし、最新の知見を発信するために『技術の泉シリーズ』へリニューアルしました。今後は「技術書典」をはじめとした各種即売会や、勉強会・LT会などで頒布された技術同人誌を底本とした商業書籍を刊行し、技術同人誌の普及と発展に貢献することを目指します。エンジニアの"知の結晶"である技術同人誌の世界に、より多くの方が触れていただくきっかけになれば幸いです。

株式会社インプレスR&D
技術の泉シリーズ　編集長　山城 敬

●本書の内容についてのお問い合わせ先
株式会社インプレスR&D　メール窓口
np-info@impress.co.jp
件名に「『本書名』問い合わせ係」と明記してお送りください。
電話やFAX、郵便でのご質問にはお答えできません。返信までには、しばらくお時間をいただく場合があります。
なお、本書の範囲を超えるご質問にはお答えしかねますので、あらかじめご了承ください。
また、本書の内容についてはNextPublishingオフィシャルWebサイトにて情報を公開しております。
https://nextpublishing.jp/

●落丁・乱丁本はお手数ですが、インプレスカスタマーセンターまでお送りください。送料弊社負担にてお取り替えさせていただきます。但し、古書店で購入されたものについてはお取り替えできません。
■読者の窓口
インプレスカスタマーセンター
〒101-0051
東京都千代田区神田神保町一丁目105番地
TEL 03-6837-5016／FAX 03-6837-5023
info@impress.co.jp
■書店／販売店のご注文窓口
株式会社インプレス受注センター
TEL 048-449-8040／FAX 048-449-8041

技術の泉シリーズ

迷わない！困らない！レガシーフロントエンド安全改善ガイド

2019年11月8日　初版発行Ver.1.0（PDF版）

著　者　麦島一
編集人　山城 敬
発行人　井芹 昌信
発　行　株式会社インプレスR&D
〒101-0051
東京都千代田区神田神保町一丁目105番地
https://nextpublishing.jp/
発　売　株式会社インプレス
〒101-0051　東京都千代田区神田神保町一丁目105番地

印刷・製本　京葉流通倉庫株式会社
Printed in Japan

ISBN978-4-8443-7807-5

NextPublishing®
●本書はNextPublishingメソッドによって発行されています。
NextPublishingメソッドは株式会社インプレスR&Dが開発した、電子書籍と印刷書籍を同時発行できるデジタルファースト型の新出版方式です。 https://nextpublishing.jp/